モデリングとシミュレーション

―― Octave による算法 ――

博士(工学) 平嶋 洋一 著

コロナ社

まえがき

　計算機上で仮想的に「もの」を動かして，現実の振舞いを知ることができれば，その手法はさまざまな局面で役に立つ．計算機は繰返し作業を高速に実行することに特長があるシステムなので，これを生かす形で「もの」を動かすアルゴリズムを設計すれば，有効な計算機シミュレーションを実行することができる．

　一方，「もの」を動かすアルゴリズムを与えるのはモデルである．モデルはさまざまな分野で「もの」の振舞いを抽出・模倣することを目的としているので特に計算機上で動かすことを意識した構造を持っているとは限らない．このため，モデリングとシミュレーションの手法を習得しようとする際には，「もの」が属する分野の知識，「もの」の動きを抽出する手法に加えて，計算機上で「もの」の動きを再現する手法を学ばなければならず，初学者にとってはかなり負荷のかかる作業を伴っていた．

　ところが最近，計算機上で「もの」を動かす際に，設計者の負担を軽減する使い勝手の良いツールが複数開発され，手軽に高速な計算機を利用できる環境と相まって，計算機シミュレーションが初学者に対して学習の補助になり得る状況が生まれてきた．

　本書は興味の対象である分野の知識を積み上げていく際に，計算機シミュレーションを活用することによって，理解を助けることを意図している．対象分野として，微分方程式で対象の振舞いを記述する連続システム，および振舞いに不確実な要素を含む離散システムを設定し，「試しに動かしてみる」環境を提供しようとするものである．本書執筆に関しては，株式会社イノコネの黒田規義氏との議論から企画のアイデアが立ち上がった．その後，相当に長い時間を費やして，原稿作成を開始したものの，タイトなスケジュールの中で作業は進ま

ず，遅れに遅れてようやく完成に至った経緯がある。その間，コロナ社の皆さんには大変お世話になった。

　最後に，家族の時間の中から多くを提供してくれた妻と子供たちに感謝したい。

2015 年 11 月

著　　者

目　　　次

1. は じ め に

1.1　モデリングとシミュレーション ………………………………………… *1*
1.2　モデリングの概要 ………………………………………………………… *2*
1.3　モデルの分類 ……………………………………………………………… *3*
1.4　シミュレーション ………………………………………………………… *4*
1.5　近似モデルの役割 ………………………………………………………… *5*

2. Octaveの基礎

2.1　Octave と は ……………………………………………………………… *6*
　2.1.1　利 用 環 境 ……………………………………………………… *6*
　2.1.2　Octaveのインストール ………………………………………… *7*
2.2　Octaveの利用法 …………………………………………………………… *9*
　2.2.1　定　　　数 ……………………………………………………… *9*
　2.2.2　複数行にわたる記述 …………………………………………… *10*
　2.2.3　スカラの演算 …………………………………………………… *10*
　2.2.4　変 数 と 代 入 …………………………………………………… *11*
　2.2.5　比　　　較 ……………………………………………………… *12*
　2.2.6　行列（ベクトル） ……………………………………………… *13*
　2.2.7　データの生成と管理 …………………………………………… *15*
　2.2.8　関　　　数 ……………………………………………………… *20*

2.2.9 グラフの描画	27

2.2.10 論　理　式 …………………………………………… 32
2.2.11 if　　　　　文 …………………………………………… 33
2.2.12 switch　　　文 …………………………………………… 34
2.2.13 for　　　　文 …………………………………………… 36
2.2.14 while　　　文 …………………………………………… 37
2.2.15 消　　　去 …………………………………………… 38

3. 連続システムのモデリングとシミュレーション

3.1 モデリング ……………………………………………………… 39
  3.1.1 数　学　モ　デ　ル …………………………………… 39
  3.1.2 モデルの記述 …………………………………………… 40
3.2 モデルの振舞い ………………………………………………… 42
  3.2.1 変　数　分　離　形 …………………………………… 42
  3.2.2 定　数　変　化　法 …………………………………… 44
  3.2.3 m 階微分方程式 ($m \geq 2$) ………………………… 49
  3.2.4 ラ プ ラ ス 変 換 ……………………………………… 58
  3.2.5 伝達関数と安定性 ……………………………………… 68
3.3 シミュレーション ……………………………………………… 75
  3.3.1 マス・ばね・ダンパシステムのモデリングとシミュレーション 75
  3.3.2 RC 回路のモデリングとシミュレーション …………… 90
  3.3.3 RLC 回路のモデリングとシミュレーション ………… 99
3.4 シミュレーションの方法（微分方程式の数値解法） ………… 107
  3.4.1 オ イ ラ ー 法 …………………………………………… 108
  3.4.2 ルンゲ・クッタ法 ……………………………………… 111
章　末　問　題 ……………………………………………………… 116

4. 離散システムのモデリングとシミュレーション

- 4.1 離散システム ……………………………………………… *121*
- 4.2 確率モデル ………………………………………………… *121*
- 4.3 待ち行列によるシステム解析 …………………………… *123*
  - 4.3.1 待ち行列モデル ……………………………………… *123*
  - 4.3.2 待ち行列の形態 ……………………………………… *126*
  - 4.3.3 ケンドール記号 ……………………………………… *127*
  - 4.3.4 システム解析 ………………………………………… *128*
  - 4.3.5 定常状態 ……………………………………………… *135*
- 4.4 確率分布 …………………………………………………… *137*
- 4.5 未知の確率分布に対するモデリング …………………… *146*
- 4.6 シミュレーション ………………………………………… *150*
  - 4.6.1 モンテカルロ法 ……………………………………… *150*
  - 4.6.2 標本平均 ……………………………………………… *155*
  - 4.6.3 $M/M/1/\infty$ の実現 ………………………………… *157*
  - 4.6.4 $M/M/2/\infty$ の実現 ………………………………… *163*
- 章末問題 ………………………………………………………… *167*

付録 …………………………………………………………… *170*
- A.1 固有値と固有ベクトル …………………………………… *170*
- A.2 行列の対角化 ……………………………………………… *175*

引用・参考文献 ……………………………………………… *182*
章末問題解答 ………………………………………………… *183*
索引 …………………………………………………………… *187*

1 はじめに

1.1 モデリングとシミュレーション

　モデリングとシミュレーションの考え方はさまざまな分野に応用可能であり，その方法は最近の計算機の発達とともに急速に身近になりつつある．本書では，現実世界の事象を計算機上で模倣する仕組みをモデルと捉え，モデルを計算機上で動かす手段として計算機シミュレーションの方法や手順を紹介していく．

　広い意味でのシミュレーションという言葉は模擬実験を指し，我々が興味を持っている対象に働きかけ，それによって生じる変化を観測する行為を指す．つまり，興味の対象が働きかけに対して変化を生じることを前提として，「試しに動かしてみる」のである．そして，その後の変化の内容と働きかけとの因果関係を知ろうとする．この際，働きかけを行う対象は実物のこともあれば，実物の振舞いを模倣した「モデル」のこともある．

　実物を「試しに動かす」ことが困難な場合にはモデルの利用を検討することになる．例えば実物を動かすことが危険を伴う場合や変化の観測に長い時間を必要とする場合などがこれにあたる．あるいは教育現場などで，実物を動かす前にその振舞いを観察・学習しておくことができれば便利である．ほかにもモデルが必要とされる場面は多数存在し，各場面で要求される内容に応じて，目的を達成するためのモデルが設計され，利用されてきた．

　これらのうち，微分方程式で「変化」を記述する数学モデルや不確実性を含む振舞いに対し，その「傾向」を多数のデータから知ろうとする確率モデルな

どは計算機シミュレーションに適した形をしていたり，計算機シミュレーションに適した形で近似を行う方法が知られていた．ところが，こういった手法は計算量や繰返し回数が膨大であったり，扱う必要があるデータがあまりにも大きかったりしたために，手軽に利用できる場面が限られていた．近年はパーソナルコンピュータの高速化と低価格化によって，急速に事情が変わりつつある．一度に扱えるデータ量が大幅に増加していることに加え，ある程度の計算量や繰返し回数を，実用的時間内で実行するための計算機環境が，低コストで手に入るようになってきている．こうした事情を背景にして本書では，作成，実行ともに短時間で行える計算機シミュレーションを例示しながら解説を行う．

1.2 モデリングの概要

本書で扱うモデリングの対象は，入力に応じて，出力が変化するシステムである．我々が興味のあるシステムについて，現実のシステムの振舞いを模倣し，目的を達成するのに適したデータが得られるように設計するのがモデル，設計することがモデリングである．

目的は解析であったり制御であったり，教育や学習を含めてさまざまであり，目的とシステムの組合せに対応するために複数の種類のモデルが存在する．

モデリングの目標は，少なくとも必要最小限，興味の対象の動きを再現することである．簡潔なモデルから最小限の情報を抽出し，目標を達成することが必要な場合も多くある．

用語について以下にまとめておく．

モデル　　実物を用いて，または計算機上で，シミュレーション（模擬実験）を行う際，対象の挙動を再現する <u>システム</u> のこと

システム　　<u>働きかけ</u> によって <u>結果</u> が変化する <u>もの</u>
　　　　　　　　（入力）　　　　　　（出力）　　　　　　興味の対象

モデリング　　モデルを作ること

モデリングの目的　　興味の対象の動きを再現し，必要な情報を得ること

　　具体例：解析，制御，学習，教育など

目標　　少なくとも必要最小限は，興味の対象の動きを再現すること

　　簡潔なモデルが必要な場合もある

1.3　モデルの分類

　興味の対象であるシステムとモデリングの目的との組合せに応じて，モデルには多数の種類が存在するが，直接実験に利用するか否かで分類できる．実験モデルには，システムの実物を動かす実物モデルのほか，拡大または縮小したシステムを利用するスケールモデル，類似したシステムへの置換えを行う類推モデルがあり，いずれも実空間でシステムを動かす．

　非実験モデルは**連続システムモデル**と**離散システムモデル**に大別でき，連続システムでは実験で用いるシステム（モデルを含む）の動きに基づく微分方程式で表されるモデルを用いる．また，離散システムモデルには，**離散変化モデル，連続変化近似モデル**がある．

　本書では非実験モデルのうち連続システムモデルと離散変化モデル（確率モデル）を扱う．モデルの分類について以下にまとめておく．

実験モデル　　実際の環境に近いモデルを実空間で動かす．

　　実物モデル　　実物を動かす．

　　スケールモデル　　縮小/拡大した実験装置を用いる．

　　類推モデル　　システムの置換えを行う．例：機械システム $\Leftrightarrow$ ばね・ダンパシステム，電気システム $\Leftrightarrow$ RLC 回路システムなど

非実験モデル　　数学モデル

　　連続システムモデル　　微分方程式を解く．

解析的手法として，変数分離形，同次方程式，非同次方程式の解法，階数降下法などがある。

数値的解法として，ルンゲ・クッタ法，ウィルソン法などがある。

離散システムモデル

離散変化モデル

連続変化近似モデル

1.4 シミュレーション

シミュレーションは対象システムの振舞い（動き）を知る一手段であり，例えば，実物モデルを「試しに」動かしてみる**実環境シミュレーション**，スケールモデルや類推モデルを用いた実験による**物理シミュレーション**，計算機上で数学モデルの計算を行う**計算機シミュレーション**などがある。いくつかのシミュレーションについて，特徴をまとめておく。

実環境シミュレーション 対象の正確な挙動が得られるが，リスク・コストが大きい対象に対して反復実施するには不向きである。

物理シミュレーション スケールモデル，類推モデルを用いた実験を含み，実システムによる実験からデータを得ることが困難な場合や，リスク・コストが大きい場合などに有効である。

計算機シミュレーション 数学モデルなどを用い，計算機上で行うシミュレーションであり，以下の利点を持つ。

- 設定の変更が容易
- 実時間に比べ，短時間で結果が確認可能
- 繰返しが容易
- 実験装置の作成が不要

1.5 近似モデルの役割

　対象システムの挙動を詳細，正確に再現したモデルを**詳細モデル**と呼ぶ。モデリングの目的は，興味の対象であるシステムの動きを再現することであるから，詳細モデルがモデリングの目標であるともいえるが，シミュレーションを含めたモデリングの目的が何らかの問題解決である場合も多い。実システムが持つすべての情報が問題解決に必要とは限らないので，詳細モデルから不要な情報を取り除いた近似モデルを利用することも考えられる。

　特に，計算機シミュレーションでは，問題解決と無関係な要素に計算資源を消費するのは好ましくない。このため，問題解決のための必要最小限の情報を与える**近似モデル**を得ることが重要になる。具体的には，以下の点を明らかにすることにより簡素化を行う。

- シミュレーションの目的
- モデルの重要な挙動
- 挙動を決める重要な要素（パラメータ）
- 挙動に対して，必要な詳細度・精度

2 Octaveの基礎

2.1 Octaveとは

2.1.1 利用環境

　設計したモデルについて，その振舞いを計算機上で調べようとすると，計算機言語を使ったプログラミングが必要になる．モデルの設計者は好みの計算機言語を駆使してモデルを動かすプログラムを書くことになるが，目的を達するためにはそのレベルに応じたプログラミング能力が必要になる．つまり，モデルの設計者はモデルの設計能力に加えてプログラミングの能力も兼ね備えていなければならない．これは長らく，シミュレーションを行う際に乗り越えなければならない壁であったが，最近はプログラミングについて設計者の負担を軽減する使い勝手の良いツールが複数存在する．例えば，Matlab, Mathematica, Mapleなどは，計算機シミュレーションを実施する市販ツールとして，広く利用されている．しかしながらこれらのツールは，モデリングとシミュレーションを初めて学ぼうとする者が手にする学習環境としてはやや敷居が高いという側面もある．本章ではMatlabに類似したコマンド体系を持つOctaveを紹介する．OctaveはGNU General Public Licence（GPL）に従ったオープンソースソフトウェアで，誰もがその全機能を手軽に試してみることができる．

　Octaveには市販ツール同様，つぎの特長がある．

- ベクトルや行列を扱うための統一的な方法が用意されており，データ処理を行う際のプログラミングに関する負荷が軽減できる．

- 常微分方程式の数値解を求めるためのソルバを備えており，関数として利用できる．
- 信号処理，確率・統計などに基づく操作を行うための関数が豊富に用意されている．
- グラフ表示を容易に行うことができる．
- 複数の OS 上で同じプログラミング環境を提供している．

これらは，モデリングとシミュレーションの手順を短期間に学ぼうとする場合や，モデルの設計者がモデルの振舞いを調べることに集中しようとする際に手助けになると期待できる．

2.1.2 Octave のインストール

Octave の最新情報についてはつぎの URL で手に入れることができる．
https://www.gnu.org/software/octave/index.html

多くの OS に対応した，実行形式のパッケージが提供されており，インストール方法についても解説がある．例えば，Microsoft Windows 用のインストーラは上記の URL からリンクをたどって

http://wiki.octave.org/Octave_for_Windows

から入手できる．インストーラを実行すると図 2.1 に示すようなガイドに従って，ライセンスへの同意と環境設定を行うことになる．環境設定については，筆者の手元ではデフォルトで選択されているもので動作したが，問題がある場合には

http://wiki.octave.org/Octave_for_Windows#MinGW_ports

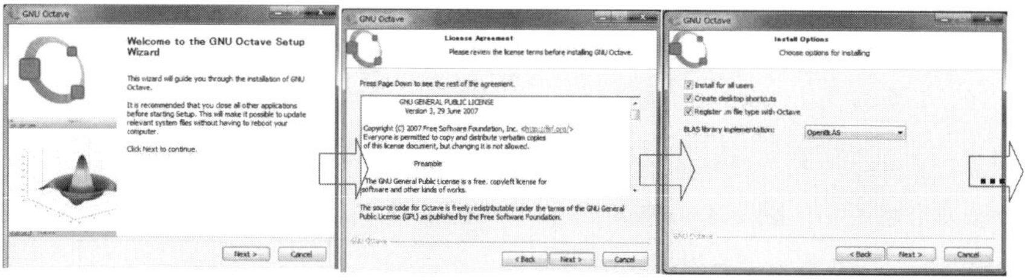

図 2.1 インストーラによるガイド

8   2. Octave の基礎

などを参考にして対処されたい。

複数の Linux ディストリビューション，FreeBSD, OpenBSD, MacOSX にも Octave のバイナリパッケージが存在する。これらの OS 上では，各 OS のパッケージマネージャを使ってインストールすればよい。インストールが正常に終了すると，コマンドプロンプトから "octave" を実行するか，図 **2.2** に示すアイコンをダブルクリックすると図 **2.3** に示すような Octave が起動し，コマンドの入力待ちになる。例えば "clc" と入力し，Enter キーを押すと，スクリーンの文字列を消去し，**Octave** プロンプトがスクリーン左上に移動する。Octave を終了するには，Octave プロンプトからコマンド "exit" を実行する。

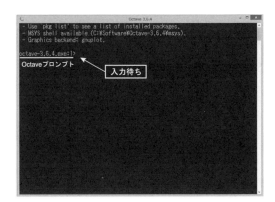

図 **2.2**　Octave のアイコン　　　　図 **2.3**　起動した Octave

コマンドプロンプトから "-q" オプションを付けて Octave を起動すると，初期メッセージの出力を抑制できる。Windows の場合は Octave のアイコンを右クリックし，リストからプロパティを選択する。プロパティが表示されたら，図 **2.4** の破線で囲んだ「リンク先」の入力欄に "-q" オプションを追加すればよい。

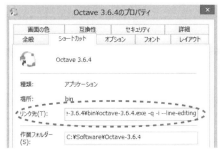

図 **2.4**　Windows 版 Octave のプロパティ

2.2 Octave の利用法

2.2.1 定　　　数

Octave では数値として，実数と複素数を扱うことができる．例えば，実数 11.05, 複素数 $2+3i$ はつぎのように入力できる．

```
octave.exe:1> 11.05
ans =  11.050
octave.exe:2> 1.105e1
ans =  11.050
octave.exe:3> 0.1105e2
ans =  11.050
octave.exe:4> 1105e-2
ans =  11.050
```

```
octave.exe:4> 2+3i
ans =  2 + 3i
octave.exe:5> 2+3j
ans =  2 + 3i
octave.exe:6> 2+3I
ans =  2 + 3i
octave.exe:7> 2+3J
ans =  2 + 3i
```

つまり「0.1105e2」は 0.1105×10^2 のことであり，虚数単位の i は「i」「j」「I」「J」いずれを用いてもよい．

Octave には表 **2.1** に示す定数と定数値を返す関数がある．

表 **2.1**　おもな定数値関数

定数記号	定数名
pi	π（円周率）
eps	浮動小数点表示における数の精度
realmax	浮動小数点表示における数の最大値
realmin_value	浮動小数点表示における数の最小値
Inf, inf	無限大
NaN, nan	非数
e	ネピアの定数（自然対数の底）

```
octave.exe:1> realmax
ans =  1.7977e+308
octave.exe:2> realmin
ans =  2.2251e-308
octave.exe:3> eps
ans = 2.2204e-016
octave.exe:4> exp(750)
ans = Inf
```

```
octave.exe:5> 0/0
warning: division by zero
ans = NaN
octave.exe:6> e
ans =  2.7183
octave.exe:7> log(e)
ans =  1
```

2.2.2 複数行にわたる記述

複数行にわたるコマンドラインやプログラム中の文など，Octave プロンプトでは通常自動で右方向にスクロールされるが，本書の記述としては都合が悪い。Octave には文の終了記号である改行記号を無視して，文を次行へ継続させる記号として，"..."（ピリオド3個）がある。本書の実行例などに用いた "..." を含む記述はコマンドライン上で正常に動作する。また，"..." を省略して1行として入力してもよい。

そのほかに，行の継続として，" " で囲んだ文字列中の "\" に続く改行が行の継続を表す。"()" で囲まれた記述中に改行を含む場合は，特に継続を指定する記号を置かなくても1行の記述として扱われる。

2.2.3 スカラの演算

Octave には，スカラ演算が可能な演算子として，**表 2.2** に示すものがある。

2.2 Octave の利用法　11

表 2.2 おもなスカラ演算子

演算子	作用
+, .+	加算
-, .-	減算
, .	積
/, ./	除算
^, .^ **, .**	} べき
'	共役複素数

```
octave.exe:1> 10.2 .+ 3.4
ans =  13.600
octave.exe:3> 3 .* 5
ans =  15
octave.exe:4> 2 ^ 4
ans =  16
octave.exe:5> (1+3i)'
ans = i - 3i
```

"." には複数の意味があり，使用する際に多少注意が必要である．小数点としての "." では，1 未満の値が 0 の実数について "." 以降を省略できる．また，"." の後に空白が続くと "." が演算子（の一部）として扱われることはない．小数点でも演算子（の一部）でもない "." はエラーになる．

```
octave.exe:1> 2. / 8
ans =  0.25000
octave.exe:2> 2../ 8
ans =  0.25000
octave.exe:3> 2.. / 8
parse error:
  syntax error          ← エラーメッセージ
>>> 2.. / 8
       ^              } エラー箇所の右端の下部に「^」が表示される．
octave.exe:3> 2. ./ 8
ans =  0.25000
```

2.2.4 変数と代入

アルファベット，数値，アンダースコア "_" を使って表記した変数に対し，代

入演算子 "=" を用いて値を代入することができる。このとき，演算子の右辺で得られた値が左辺の変数へ代入される。

```
octave.exe:1> x = 10.5
x =  10.500
octave.exe:2> value_1 = 3
value_1 =  3
octave.exe:3> c = "string"
c = string
```

ただし，変数名は数値で始めることはできない。

```
octave.exe:4> 7y =8
parse error:
  syntax error
>>> 7y =8
      ^
```

2.2.5 比　　　較

表 2.3 に示す比較演算子を使って x, y の値について大小関係を比較することができる。いずれも真のとき 1 を，偽のとき 0 を返す。

表 2.3　比較演算子

演算子	記　法	機　　能
==	$x == y$	x と y の値が等しいとき真，それ以外は偽となる。
>	$x > y$	x の値が y の値より大きいとき真，それ以外は偽となる。
>=	$x >= y$	x の値が y の値より大きいか等しいとき真，それ以外は偽となる。
<	$x < y$	x の値が y の値より小さいとき真，それ以外は偽となる。
<=	$x <= y$	x の値が y の値より小さいか等しいとき真，それ以外は偽となる。
<>	$x <> y$	x と y の値が等しくないとき真，それ以外は偽となる。
!=	$x != y$	
~=	$x \sim= y$	

```
octave.exe:1> x=4
x =  4
octave.exe:2> y=2
y =  2
octave.exe:3> z=2
z =  2
```

```
octave.exe:4> x == y
ans = 0
octave.exe:5> x ~= y
ans =  1
octave.exe:6> x <= y*z
ans =  1
```

2.2.6 行列（ベクトル）

列の区切りを"␣"（スペース），行の区切りを";"として配置した数を，ブラケット"["と"]"で囲んで，行列を構成できる．

```
octave.exe:1> [1 2 3 4]
ans =
   1   2   3   4
octave.exe:2> [3 4; 5 6]
ans =
   3   4
   5   6
```

```
octave.exe:3> [5;4;
> 3;2]
ans =
   5
   4
   3
   2
```

行列はスカラ同様，変数に代入し，演算の対象や関数の引数として扱うことができる．

```
octave.exe:1> A = [1 2 3; 4 5 6]
A =
   1   2   3
   4   5   6
octave.exe:2> B = [0 1 2; 3 2 0]
B =
```

```
       0    1    2
       3    2    0
octave.exe:3> C = A + B
C =
       1    3    5
       7    7    6
```

ただし，演算の対象が行列の場合には ".*" と "*"，"./" と "/"，".^" と "^" の作用が異なるので注意が必要である．各演算子の作用を表 **2.4** に示す．

表 **2.4**　行列に対する各演算子の作用

演算子	作　用
*	行列積
.*	要素ごとの積
/	行列の商
./	要素ごとの除算
^	行列積によるべき
**	行列積によるべき
.^	要素ごとのべき
.**	要素ごとのべき
'	共役転置
.'	転置

```
octave.exe:1> A=[1 2;0 1]
A =
   1   2
   0   1
octave.exe:2> B=[1 0;0 1]
B =
   1   0
   0   1
```

```
octave.exe:3> C=A*B
C =
   1   2
   0   1
octave.exe:4> A.*B
ans =
   1   0
   0   1
```

```
octave.exe:5> D=C/B
D =
   1   2
   0   1
octave.exe:6> C./B
ans =
     1    Inf
   NaN      1
```

上記の例のうち，"C/B" は $D*B=C$ を満たす行列 D を表し，D を C/B の商としている．$D*B=C$ を満たす行列 B を $D\backslash C$ と表記することもできる．

ある行列 $V=\{v_{ij}\}$ と全成分を**共役複素数**で置き換えた行列 $\overline{V}=\{\bar{v}_{ij}\}$ に対し，" V' " は $\overline{V}^{\mathrm{T}}$，" V.' " は V^{T} を生成する操作に相当する．また，関数 "conj(V)" によって $\overline{V}$ を作ることができる．"conj(V)" については 2.2.8 項で解説する．

```
octave.exe:7> V=[1+2i
> 3-4i]
V =
   1 + 2i
   3 - 4i
octave.exe:8> V'
ans =
   1 - 2i   3 + 4i
octave.exe:9> V.'
ans =
   1 + 2i   3 - 4i
```

```
octave.exe:10> A'*V
ans =
   1 + 2i
   5 + 0i
octave.exe:11> V.'*A
ans =
   1 + 2i   5 + 0i
octave.exe:12> conj(V)
ans =
   1 - 2i
   3 + 4i
```

2.2.7 データの生成と管理

Octave は複数の行列を連結して新しい行列を生成する方法を豊富に備えている．これらを利用すれば，大量に計算結果が生じる場合など，煩雑になりがちなデータの記録・整理を容易に行うことができる．

（**1**）**行列の連結**　　行列 A, B を，次ページのように記述することによって結合し，新しい行列を生成することができる．

16   2. Octave の 基 礎

```
octave.exe:1> A=[1 2]
A =
    1   2
octave.exe:2> B=[3 4]
B =
    3   4
```

```
octave.exe:3> C=[A B]
C =
    1   2   3   4
octave.exe:4> D=[A' B']
D =
    1   3
    2   4
```

ただし，連結対象の行列に対し，列数を増加させる連結では行数が，行数を増加させる連結では列数が等しくなければならない．

```
octave.exe:5> F=[C A']
F =
    1   3   1
    2   4   2
```

```
octave.exe:6> [D A]
error:horizontal dimensions
          mismatch (2x2 vs 1x2)
```

（**2**）**成 分 指 定**　　m 行 n 列の行列 A に対し，"$A(i,j)$" と記述することで，第 i 行，第 j 列の要素を指定できる．i の代わりに "$i_1:i_2$" とすることで第 i_1 行から第 i_2 行までを一括指定することができる．列についても同様に，"$j_1:j_2$" と記述して，第 j_1 列から第 j_2 列までを指定できる．i_1, i_2 を省略し，":" のみを記述した場合にはすべての行を指定することを意味する．ただし，i, j は $1 \leqq i \leqq m$, $1 \leqq j \leqq n$ を満たす整数を指定する．

```
octave.exe:1> A=[1 2 3 4 5; 6 7 8 9 10;
> 11 12 13 14 15;
> 16 17 18 19 20]
A =
    1   2   3   4   5
```

```
      6    7    8    9   10
     11   12   13   14   15
     16   17   18   19   20
octave.exe:2> A(1:2,:)
ans =
      1    2    3    4    5
      6    7    8    9   10
```

i_1 と i_2 は i, j_1 と j_2 は j と同じ範囲を持ち，通常は $i_1 < i_2, j_1 < j_2$ として昇順で指定する．"$i_1 : k : i_2$" と記述すると，$i_1 + l \cdot k \leq i_2 \, (l = 0, 1, \cdots)$ を満たす第 $(i_1 + l \cdot k)$ 行が指定できる．また，$i_1 > i_2$ かつ $k < 0$ とすることで，$i_1 + l \cdot k \geq i_2 \, (l = 0, 1, \cdots)$ を満たす第 $(i_1 + l \cdot k)$ 行が降順で指定できる．列についても同様である．

```
octave.exe:3> A(3:4,:)
ans =
    11   12   13   14   15
    16   17   18   19   20
octave.exe:4> A(4:-1:3,:)
ans =
    11   12   13   14   15
    16   17   18   19   20
```

```
octave.exe:5> A(1,1:2:5)
ans =
    1   3   5
octave.exe:6> A(1:3,5:-2:1)
ans =
    5    3    1
   10    8    6
   15   13   11
```

(3) 範 囲　Octave では数の範囲を表すために "$i_1 : k : i_2$" という記法が用いられる．ここで，i_1 は範囲の初期値，i_2 は範囲の上界（または下界），k は増分（または差分）である．範囲を構成する要素は，i_1 から始まり，k を繰り返し加えて得られ，i_2 を超えない値まで生成される．つまり

$$\begin{cases} i_1 + l \cdot k \leq i_2 & (i_1 < i_2) \\ i_1 + l \cdot k \geq i_2 & (i_1 > i_2) \end{cases}$$

を満たす l の最大値を $l_{\max}$ として，$i_1 + l_{\max} \cdot k$ が範囲の上限（または下限）となる。

範囲の構成要素は 1 行 $(l_{\max} + 1)$ 列の行列として出力される。k を省略すると，増分を 1 として要素を構成するが，$i_1 > i_2$ の場合には空行列になる。

```
octave.exe:1> 1:5
ans =
   1   2   3   4   5
octave.exe:2> 1:2:6
ans =
   1   3   5
```

```
octave.exe:3> 6:-1:0
ans =
   6   5   4   3   2   1   0
octave.exe:4> 6:0
ans = [](1x0)
```

";" をコマンドの末尾に置くことによって，スクリーンへの結果出力を抑制できる。設定範囲の構成要素数が大きい場合や大量のデータを扱う場合などに，結果表示なしに処理を進めることができる。

```
octave.exe:1> t=[0:0.01:10]'
t =
   0.000000
   0.010000
   0.020000
      ⋮
octave.exe:2> t=[0:0.01:10]';
```

（**4**）**セル配列**　　行列を生成する際のブラケット"[ ]"をブレース"{ }"に変更すると，セル配列を定義できる。セル配列に対し，行列と同じ記法を使って"( )"で要素を指定すると，結果がセル配列の形で出力される。

```
octave.exe:1> {1;2;3}
ans =
{
  [1,1] = 1
  [2,1] = 2
  [3,1] = 3
```

```
}
octave.exe:2> x(1,:)
ans =
{
  [1,1] = 1
}
```

　行列の各要素の内容はスカラでなくてはならないが，この制限はセル配列の要素には当てはまらず，要素の内容はスカラでも文字列でも配列でもかまわない．

```
octave.exe:1> {1,"second",[0 1 2 3 4 5]}
ans =
{
  [1,1] = 1
  [1,2] = second
  [1,3] =
     0   1   2   3   4   5
}
```

　行列の成分指定では出力も行列になるのに対し，セル配列は指定した要素を「セルから取り出す」ことができるので，複数の代入操作をまとめて実行する場合などに利用できる．
　セル配列から要素を取り出すには，要素指定を"{ }"で囲む．このとき，得られた結果の型は要素の内容の型に一致する．

```
octave.exe:3> [y1 y2]=x{2,:}
y1 =  3
y2 =  4
octave.exe:4> [y3 y4]={5 6}{:}
y3 =  5
y4 =  6
octave.exe:5> B=x{2,:}
B =  3
octave.exe:6> typeinfo(y1)
ans = scalar
octave.exe:7> typeinfo(y3)
ans = scalar
octave.exe:8> typeinfo(B)
ans = scalar
```

```
octave.exe:9> typeinfo([y3 y4])
ans = matrix
octave.exe:10> typeinfo(x(2,:))
ans = cell
octave.exe:11> [y3 y4]=x(2,:)
y3 =
{
  [1,1] =  3
  [1,2] =  4
}
error: element number 2 undefined in return list
octave.exe:12> [y1 y2]=[7 8]
error: invalid number of output arguments for constant
                                            expression
```

2.2.8 関　　　　数

（1） **Octaveの組込み関数**　　Octaveは非常に多くの組込み関数を備えているが，本書で利用する関数に絞って紹介する。

ones (n, m)　　スカラ m, n に対し，要素がすべて1であるような m 行 n 列の行列を返す．

```
octave.exe:1> A=ones(2,2)
A =
   1   1
   1   1
```

zeros (n, m)　　スカラ m, n に対し，要素がすべて0であるような m 行 n 列の行列を返す．

```
octave.exe:2> B=zeros(2,3)
B =
   0   0   0
   0   0   0
octave.exe:3> C=zeros(1,4)
C =
   0   0   0   0
```

conj (V)　　複素数 V について，共役複素数を返す．V が行列の場合には，行列 V について，すべての成分を共役複素数で置き換えた行列を返す．

```
octave.exe:1> V=5-2i
V =  5 - 2i
octave.exe:2> conj(V)
ans =  5 + 2i
octave.exe:3> V=[1+i 1-2i 1+3i; 2-i 2+2i 2-3i;
> 3+i 3-2i 3+3i]
V =
   1 + 1i   1 - 2i   1 + 3i
```

```
   2 - 1i   2 + 2i   2 - 3i
   3 + 1i   3 - 2i   3 + 3i
octave.exe:4> conj(V)
ans =
   1 - 1i   1 + 2i   1 - 3i
   2 + 1i   2 - 2i   2 + 3i
   3 - 1i   3 + 2i   3 - 3i
```

linspace (base, limit, n)　　base と limit の間を，等間隔で n 個に区切った要素を持つ行ベクトルを返す。要素数 n は，1 より大きくなければならない。base と limit は，その範囲につねに含まれる。

```
octave.exe:4> d=linspace(0,10,2)
d =
    0   10
```

base と limit が区切り要素に含まれることと，n が要素数であることに注意されたい。

```
octave.exe:5> d=linspace(0,10,3)
d =
    0    5   10
octave.exe:6> d=linspace(0,10,4)
d =
    0.00000    3.33333    6.66667   10.00000
octave.exe:7> d=linspace(0,10,5)
d =
    0.00000    2.50000    5.00000    7.50000   10.00000
```

printf()　　printf は文字列を出力形式指定付きで出力する関数で，受け付

ける特殊文字（エスケープシーケンス）を**表 2.5** に示す。

printf は C 言語のものと類似した出力形式を持つ。おもな出力形式の指定子を**表 2.6** に示す。

表 2.5 Octave の特殊文字

表記	記号
\\	バックスラッシュ文字 "\"
\a	"警告音"（control-g, ASCII コード 7）
\b	後退（control-h, ASCII コード 8）
\f	復帰（control-l, ASCII コード 12）
\n	改行（control-j, ASCII コード 10）
\r	キャリッジリターン（control-m, ASCII コード 13）
\t	水平タブ（control-i, ASCII コード 9）
\v	垂直タブ（control-k, ASCII コード 11）

表 2.6 おもな出力形式の指定子

指定子	出力形式
%d	10 進数の符号付き整数
%o	8 進数の符号付き整数
%u	10 進数の符号なし整数
%x, %X	16 進数の符号なし整数
%e, %f, %g, %E, %G	符号付き浮動小数点数
%s	空白（スペース）以外の文字のみを含む文字列

cputime()　　計測対象の Octave セッションについて，秒を単位として，CPU 時間を返す。返り値は [t,u,s]=cputime() の形で実行することによって得られ，t は総使用時間，u はユーザモードでの使用時間，s はシステムモードでの使用時間で，u と s の合計が t である。

typeinfo(expr)　　指定した引数 expr の型を返す。

any()　　引数として与えた行列について，全要素が 0 のときに偽 (0) を返す。そうでなければ真 (1) を返す。

all()　　引数として与えた行列について，全要素が 0 以外の値を持つときに真 (1) を返す。そうでなければ偽 (0) を返す。

type　　*filename*: *filename* で指定したファイルの内容を表示する。

dir (*directory*): *directory* で指定したディレクトリのファイルリストを表示する。*directory* を省略すると，カレントディレクトリのファイルリストを表示する。

（2） 関 数 定 義 function と endfunction で囲まれた領域は関数の定義として扱われ，関数の返り値を格納する変数名（変数名と略記する），関数名，引数名を指定して，つぎの形で定義する。

  function [変数名]＝関数名 (引数名)

   関数の本体

  endfunction

変数名と引数名については複数を併記することができ，また，省略すると引数を取らない関数や，返り値がない関数を作ることができる。返り値が1個の場合には "[ ]" で囲む必要がなくなる。

引数と返り値を持たない場合の定義は，つぎの形になる。

  function 関数名

   本体

  endfunction

```
octave.exe:1> function ex1
> printf("Hello! \n\a")
> endfunction
octave.exe:2> ex1;
Hello!
```

上記の例の printf で指定している \n は改行，\a はベルを鳴らす特殊記号を表している。引数を取る場合について，関数定義の例をつぎに示す。

```
octave.exe:67> function ex2(str)
> printf("%s \n\a",str)
> endfunction
```

```
octave.exe:68> ex2("Ringing a bell?");
Ringing a bell?
```

上記の例では printf で指定している%s が文字列として，引数である str の値に置き換えられる．複数の戻り値と引数を取る場合の一例をつぎに示す．

```
octave.exe:127> function [v1 v2 v3]=ex3(k)
>   [t1 t2 t3]=cputime();
>   for(i=0:0.001:k) j=j+1;  endfor
>   [r1 r2 r3]=cputime();
>   printf("Total:%4.3f, User:%4.3f, System:%3.2f (s)
      for %d summations.\n",{r1-t1,r2-t2,r3-t3}{:},k);
>   [r1 r2 r3]=cputime();
>   [v1 v2 v3]={r1-t1,r2-t2,r3-t3}{:};
> endfunction
```

```
octave.exe:143> [t1 t2 t3]=ex3(500)
Total:2.656, User:2.656, System:0.00 (s) for 500 summations.
t1 =  2.6720
t2 =  2.6560
t3 =  0.016000
```

関数 ex3 は，指定した回数の加算を実行し，計算時間（User）と実行時間（Total）を表示する．この例は，for ループで 500 回の加算を実行した際の計算時間は 2.656 秒だったが，システムで実行された処理により，実行時間に 0.016 秒が余計に加わったことを示している．

（3）**大域変数**　global 宣言を付けて確保した変数は，特に値を受け渡すことなく，関数内部から参照することができるが，つぎのとおりいくつか注

意すべき点がある。

- 大域宣言の上書きができない。大域変数を再定義するためには，古い大域変数を clear all によって消去したうえで再宣言する必要がある。

```
octave.exe:1> global gvar=1
octave.exe:2> gvar
gvar =  1
octave.exe:3> global gvar=2
octave.exe:4> gvar
gvar =  1
octave.exe:5> clear all
octave.exe:6> global gvar=2
octave.exe:7> gvar
gvar =  2
```

- 関数内で大域変数の値を変更するためには，変更対象の大域変数を関数内部でも global 宣言する必要がある。

```
octave.exe:8> function...
> tgl()
> gvar=10
> endfunction
octave.exe:9> tgl()
gvar =  10
octave.exe:10> gvar
gvar =  2
```

```
octave.exe:11> function...
> tgl2()
> global gvar
> gvar=10;
> endfunction
octave.exe:12> tgl2()
octave.exe:13> gvar
gvar =  10
```

（4） 関数ファイル　Octave では関数名の検索順が，1.「シンボルテーブル」，2.「検索対象の関数名をベース名に持ち，拡張子が".m"のファイル」，となっており，検索範囲を組込み変数 LOADPATH によって指定できる。関数の

定義を記述したファイルは**関数ファイル**と呼ばれる。

関数が関数ファイルで定義されている場合，関数ファイルのタイムスタンプを使って再読込みの必要性を判定する。

```
octave.exe:1> dir
.              ..            funcfile.m
octave.exe:2> type funcfile.m
funcfile.m is the user-defined function defined from:
                                          .\funcfile.m
function funcfile()
   m=[1 2 3]
endfunction
octave.exe:3> funcfile()
m =
   1   2   3
```

2.2.9 グラフの描画

plot (args)　　2次元グラフを出力する。引数の与え方には以下の方法がある。

引数の指定	結　果
1. y を $1 \times n$ または $n \times 1$ 行列とし，plot(y) の形式で引数 y を与える。	要素番号を横軸の値，行列の各要素の値を縦軸の値としてグラフを描画する。
2. x, y を $1 \times n$ または $n \times 1$ 行列とし，plot(x, y) の形式で引数を与える。	x を横軸の値，y を縦軸の値としてグラフを描画する。plot($x_1, y_1, x_2, y_2, \cdots$) の形式で (x_i, y_i) の組を併記して，複数のグラフを一括して描画することもできる。

3.	x をベクトル, y を行列とし, plot(x,y) の形式で引数を与える。	x を横軸の値, y の列を縦軸の値として, y の列数と同じ数のグラフを描画する。y の列を構成する要素数が x の要素数と異なる場合には, y の行を横軸の値として, 行数と同じ数のグラフを描画する。
4.	x を行列, y をベクトルとし, plot(x,y) の形式で引数を与える。	x の列を横軸の値, y を縦軸の値として, x の列数と同じ数のグラフを描画する。x の列を構成する要素数が y の要素数と異なる場合には, x の行を横軸の値として, 行数と同じ数のグラフを描画する。
5.	x,y を行列とし, plot(x,y) の形式で引数を与える。	x の列（または行）を横軸の値, y の列（または行）を縦軸の値としてグラフを描画する。

```
octave.exe:1> t=linspace(0,2*pi,50);
octave.exe:2> y=sin(t);
octave.exe:3> plot(y)
octave.exe:4> hold on
octave.exe:5> y=sin(2*t);
octave.exe:6> plot(y')
```

以上の引数にオプションとして, つぎの表示形式を指定することができる。
1. "-"：データ点間を線分で補完する形式でグラフを描画する（図 **2.5**）。
2. "."，"+"，"*"，"^"，"o"：データ点にマークを付ける。マークの種類は処理系によって異なる場合もあるが, おおむねつぎのとおりに対応している。"."→·, "+"→+, "*"→*, "^"→▲, "o"→○

hold (args)　複数のグラフを描画する場合, hold on と指定することで, 描画済みのグラフを保持したまま新しいグラフを重ねて表示する（図 **2.6**）。hold off とすると, 古いグラフを消去したうえで新しいグラフを表示する。

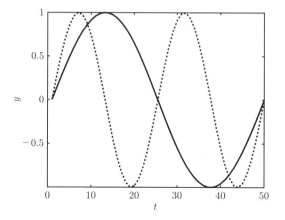

図 2.5 グラフの描画例 1

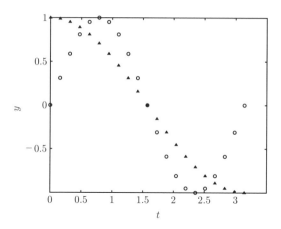

図 2.6 グラフの描画例 2

```
octave.exe:1> t=linspace(0,pi,21);
octave.exe:2> y=cos(t);
octave.exe:3> plot(t,y,'^')
octave.exe:4> hold on
octave.exe:5> y=sin(2*t);
octave.exe:6> plot(t,y,'o')
```

subplot (r, c, n)　1個のグラフ描画領域を複数の小領域に分割し，各小領域にグラフを表示可能にする。分割する領域について，rで行数，cで列数，nで描画する小領域番号を指定する。小領域番号は1で始まる通し番号が割り当てられており，左上の隅が1，各行の左から右に向かって昇順に並んでおり，各行右端の小領域番号に対して1行下の左端が昇順で続く関係になっている（図 **2.7**）。

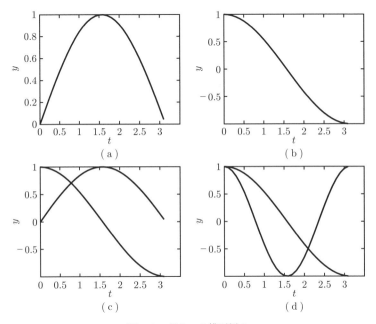

図 **2.7**　グラフの描画例 3

r, c, n を続けて 1 引数として指定することもできる。

```
octave.exe:1> t=[0:0.1:pi];
octave.exe:2> subplot(2,2,1)
octave.exe:3> plot(t,sin(t))
octave.exe:4> subplot(2,2,2)
octave.exe:5> plot(t,cos(t))
```

```
octave.exe:6> subplot(2,2,3)
octave.exe:7> plot(t,sin(t),t,cos(t))
octave.exe:8> subplot(224)
octave.exe:9> plot(t,sin(t+pi/2),t,sin(2*t+pi/2))
```

axis (limits)　x, y, z 軸について，グラフの描画範囲をベクトルの形で指定する。

x 軸に関する描画範囲を第 1，第 2 引数で指定する。y 軸に関する描画範囲は第 3，第 4 引数で，z 軸に関する描画範囲は第 5，第 6 引数で指定する。これらをまとめて，要素数が 2, 4 または 6 のベクトルを引数として与える。

bar (x,y)　ベクトル x, y に対して，x を横軸の値，y を縦軸の値として棒グラフを描画する（図 **2.8**(a)）。

stem (x,y)　bar とは異なる形式の棒グラフを描画する。グラフはデータ点上に置かれるマークとマークから横軸に降りた垂線で構成される（図

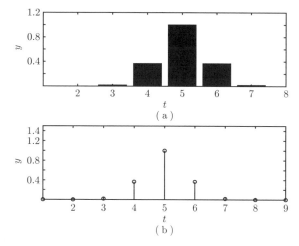

図 **2.8**　グラフの描画例 4

2.8(b))。

```
octave.exe:1> t=1:10;
octave.exe:2> y=exp(-(t-5).^2);
octave.exe:3> subplot(211)
octave.exe:4> bar(t,y)
octave.exe:5> axis([1 8 0 1.2])
octave.exe:6> subplot(212)
octave.exe:7> stem(t,y)
octave.exe:8> axis([1 9 0 1.5])
```

2.2.10 論　理　式

論理演算に対して以下に示す演算子が用意されている。"|" と "||"，"&" と "&&" は評価順序と結果の形式が異なるので注意が必要である。

&　　論理積（and）を取る。(boolean1 & boolean2) は boolean1 と boolean2 の対応する要素両方が真の場合に，結果の要素が真となる。演算の対象（オペランド）に行列を指定した場合，要素ごとの演算結果を返す。

|　　論理和（or）を取る。(boolean1 | boolean2) は boolean1 と boolean2 の対応する要素のうち片方または両方が真の場合に，結果の要素が真となる。オペランドに行列を指定した場合，要素ごとの演算結果を返す。

!　　論理否定（not）を取る。!boolean は boolean が偽のとき真となる。

&&　　論理積の結果を返す。結果が確定した時点で評価を止める。つまり，(boolean1 && boolean2) は boolean1 が偽なら boolean2 を評価することなく式全体の値として 0 を返す。オペランドにはスカラで評価した結果を渡す必要がある。

||　　論理和の結果を返す。結果が確定した時点で評価を止める。(boolean1 || boolean2) は boolean1 が真ならば boolean2 を評価することなく式全体の値として 1 を返す。オペランドにはスカラで評価した結果を渡す。

```
octave.exe:91> [a b]={0 1}{:};
octave.exe:92> a && b++
ans = 0
octave.exe:93> b
b =  1
octave.exe:94> [a b]={1 1}{:};
octave.exe:95> a && b++
ans =  1
octave.exe:96> b
b =  2
```

&&, || に対してオペランドが行列であってはならない。any, all を利用してスカラで評価した結果を利用すればよい。

```
octave.exe:1> m=[1 0;1 1];
octave.exe:2> m(:,1) &
> m(:,2)
ans =
   0
   1
octave.exe:3> all(m(:,1))\
>  && all(m(:,2))
ans = 0
```

```
octave.exe:4> m=[0 0;0 1];
octave.exe:5> m(:,1) | \
> m(:,2)
ans =
   0
   1
octave.exe:6> any(m(:,1))\
>  || any(m(:,2))
ans = 1
```

2.2.11　if　文

if 文は, if-then, if-then-else, if-then-elseif という C 言語に類似した 3 通りの記法から成る。3 記法ともに endif によって if 文が終了する。各記法を**表 2.7** に列挙する。

表 2.7 if 文の記法

記法	説明

1. **if-then 型**
if (*condition*)
　then-body
endif
	条件である *condition* が真になったときに，if と endif で囲まれた *then-body* が実行される．条件は，その値が 0 以外なら真，その値が 0 なら偽となる．条件が行列で表記されていれば，行列の全要素の値が 0 でない場合にのみ真，これ以外は偽となる．

2. **if-then-else 型**
if (*condition*)
　then-body
else
　else-body
endif
	condition が真の場合に *then-body* を実行し，偽の場合は *else-body* を実行する．

3. **if-then-elseif 型**
if (*condition*)
　then-body
elseif (*condition*)
　elseif-body
else
　else-body
endif
	複数の elseif 節を記述した場合，上から順に条件を評価し，真である最初の条件に対応する *elseif-body* を実行する．どの条件も真でなければ，*else-body* を実行する．else 節の存在は必須ではないが，最大 1 個で，endif の直前に置かなければならない．

2.2.12 switch 文

if 文と同様に条件に従った場合分けを行うことができるが，条件分岐が多い場合に，if 文に比べ，幾分簡潔な表現が可能になるという特徴がある．一般的な表記法はつぎのとおりである．

　　　　switch (*condition*)
　　　　　case *label*
　　　　　　command-list
　　　　　case *label*
　　　　　　command-list
　　　　　　　⋮
　　　　　otherwise
　　　　　　command-list
　　　　endswitch

label は *condition* の値なので，取り得るすべての値について case *label* を対応付けておけば otherwise は不要である．*label* には複数の値を列挙することもできる．また，C 言語と異なり，各 *label* は排他的に実行されるため，*command-list* に "break" は不要である．

その他，比較演算子 "==" が文字列に対して文字ごとの比較を行い，同じ長さの文字列に対してのみ比較可能であるのに対し，case *condition* では文字列として評価，比較を行い，長さの異なる文字列の比較に対応している．例えば，変数 "word" の値が "abce ef" であるとき

   word=="abcd ef0"

はエラーになるのに対し

  switch (word)
   case "abcd ef0"
    printf("true\n")
   otherwise
    printf("faulse\n")
  endswitch

はエラーにならず，"faulse" を返す．

```
octave.exe:1> word="abcd ef"
word = abcd ef
octave.exe:2> word=="abcd gf"
ans =
   1  1  1  1  1  0  1
octave.exe:3> word=="abcd efg"
error: mx_el_eq: nonconformant arguments (op1 is 1x7,
                                          op2 is 1x8)
```

```
octave.exe:4> function check_string(X)
>   switch (X)
>     case "abcd efg"
>       printf("true by switch\n")
>     otherwise
>       printf("faulse by switch\n")
>   endswitch
> endfunction
octave.exe:5> check_string(word)
faulse by switch
```

2.2.13 for 文

for 文は指定した回数の繰返しループを構成する。一般的な表記法をつぎに示す。

   for var=*expression* *for-body* endfor

expression が行ベクトル，範囲，スカラのいずれかなら，*for-body* 内で，var の値にはスカラが割り当てられる。列ベクトルか行列で *expression* が記述してある場合，var には列ベクトルが割り当てられる。

```
octave.exe:1> type chkfor.m
chkfor.m is the user-defined
  function defined from:
                 ./chkfor.m
function A=chkfor()
  for i=1:0.6:2
    for j=[3 7]
      B=[i;j];
      if(B==[1;3])
        A=B;
      else
        A=[A B];
      endif
    endfor
  endfor
endfunction
```

```
octave.exe:2> A=chkfor()
A =
 1.000 1.000 1.600 1.600
 3.000 7.000 3.000 7.000
octave.exe:3> for i=[1 2;
> 3 4;5 6]
> i
> endfor
i =
   1
   3
   5
i =
   2
   4
   6
```

2.2.14 while 文

while 文は以下の表記法を取り，条件付き繰返しループを構成する．

  while(*condition*)
   while-body
  endwhile

condition が 0 以外の値を持つとき，*while-body* を実行する．実行が終了すると，再び *condition* を評価する．このサイクルを *condition* の値が 0 になるまで繰り返す．

2.2.15 消去

clc, home　スクリーン上に表示された文字列を消去し，プロンプトをスクリーン左上に移動する。

clf　グラフ表示ウィンドウ上のグラフを消去する。

clear　指定した変数を消去する。指定はつぎの形式で行う。

　　clear [options] 対象変数名のパターン

消去対象変数名には以下の特殊文字を含めることができる。

　"?"　　任意の1文字を表す。

　"*"　　0文字以上の任意の文字列を表す。

　[*list*]　　*list* に含まれる文字を表す。

おもなオプションを以下に示す。

　-all, -a　　　　保持しているすべての変数を消去する。

　-exclusive, -x　指定した変数以外を消去する。

```
octave.exe:1> A=[1 2]; B=[3 4];
octave.exe:2> [A B]
ans =
   1   2   3   4
octave.exe:3> clear -x A
octave.exe:4> A
A =
   1   2
octave.exe:5> B
error: 'B' undefined near line 75 column 1
```

3 連続システムのモデリングとシミュレーション

3.1 モデリング

本章で扱うモデリングによって得られるのは数学モデルである。数学モデルは特定のシステムの振舞いを記述する一連の方程式で構成される。物理，化学，解析学などの講義で頻繁に登場する存在であり，大学で（あるいは高校で）これらの講義を受講したことがあれば，本章のモデリングに要する手順を経験ずみといっても過言ではない。「どこかで聞いたことのある内容」をシミュレーションへつなげるのが本章の目標である。以下では物理分野の対象を例にして，数学モデルの導出について紹介する。

3.1.1 数学モデル

興味の対象について，対象が置かれている環境と与える入力によってその挙動が決まるとき，この対象を**システム**と呼ぶ。モデリングを行うことの目的は興味の対象であるシステムの振舞いを知ることである。システムの振舞いを知る方法としては，システムの実物を動かしてみるのが最もわかりやすい。この場合，試した結果が，知りたい情報を表しているため，生じた現象を詳細に記録することになる。そして，現象を解析するために，記録した内容を利用する。一方，実物を動かす以外の方法としてモデルを使う方法がある。モデルのうち，システムの振舞い（現象）を方程式で表記したものを**数学モデル**という。対象とするシステムから数学モデルを抽出する際，物理法則を利用する方法を**物理**

モデリングまたは**数学モデリング**という。

物理モデリングが対象とするシステムは微分方程式を用いてその振舞いを記述する。一般にシステムには，振舞いが過去の動作に依存しない静的なシステムと，振舞いを予測するために現在までの動作履歴が必要な**動的システム**があるが，本書では動的システムを対象として扱い，3.1.2 項で解説する。さらに，動的システムには，常微分方程式を用いて記述する集中定数システムと偏微分方程式を用いて記述する分布定数システムがあり，本章では集中定数システムに絞って解説する。数学モデルを使ってシステムの振舞いを知る方法には**常微分方程式**を解いて，振舞いを関数として記述する方法と，数値解を逐次的に求める方法がある。常微分方程式の解法については 3.2 節，数値解法については 3.4 節で解説する（**表 3.1**）。

表 3.1 動的システムの物理モデリング

物理モデリング	システムの振舞いから数学モデルを導出する際，物理法則に基づいて微分方程式で動的システムの挙動を記述する。
動的システム	静的システムの挙動が現在の情報のみから決定できるのに対して，挙動が過去の外部入力やシステム内部の物理量に依存する。
システムの記述（微分方程式）	常微分方程式で記述する集中定数システムと偏微分方程式で記述する分布定数システムとがあり，前者を扱う。
解析方法	微分方程式を直接解く，数値解を求める（計算機シミュレーション）。

3.1.2 モデルの記述

システムが受け取る入力を u，速度や加速度などを含めたシステム内部の物理量を表す変数を x とし，(u, x) に応じて得られる出力を y とする。特に，x を状態変数と呼び，x の値（または値の組合せ）を**システムの状態**という。一般に，ある時刻 t に対し，入力変数を $u_1(t), u_2(t), u_3(t), \cdots, u_l(t)$，出力変数を $y_1(t), y_2(t), y_3(t), \cdots, y_m(t)$，状態変数を $x_1(t), x_2(t), x_3(t), \cdots, x_n(t)$ と表し

状態変数ベクトル　　$x(t) = [x_1(t) \ x_2(t) \ \cdots \ x_m(t)]^{\mathrm{T}}$

出力変数ベクトル　　$y(t) = [y_1(t) \ y_2(t) \ \cdots \ y_n(t)]^{\mathrm{T}}$

入力変数ベクトル $\quad u(t) = [u_1(t)\ u_2(t)\ \cdots\ u_l(t)]^{\mathrm{T}}$

と定義し，システムの振舞いをつぎのように記述する．

システム表現

状態方程式 $\quad \dfrac{dx}{dt} = f(u(t), x(t), t)$

出力方程式 $\quad y(t) = g(x(t), u(t), t)$

（状態変数の数 m : システムの次元）

上式は時刻 t におけるシステムの状態 x と入力 u の値の組合せによって，システムの動き dx/dt が決まり，時間に沿った動きの変化が f で表されることを意味している．

上記のうち f が線形関数で記述できるシステムを**線形システム**といい，x, u の係数が時間とともに変動する場合は線形時変システム，定数係数の場合は線形時不変システムとして，つぎのように記述する．

線形時変システム

$$\begin{cases} \dot{x}(t) = A(t)x(t) + B(t)u(t) \\ y(t) = C(t)x(t) + D(t)u(t) \end{cases} \tag{3.1}$$

線形時不変システム

$$\dot{x}(t) = Ax(t) + Bu(t) \tag{3.2}$$

$$y(t) = Cx(t) + Du(t) \tag{3.3}$$

ここで，$A(t), B(t), C(t), D(t)$ および A, B, C, D は係数行列である．また，式 (3.2) を**状態方程式**，式 (3.3) を**出力方程式**，両者を合わせた式 (3.1) を**システム方程式**と呼ぶ．l, n, m はそれぞれ，入力数，出力数，システムの次元を表し，特に，1 入力 1 出力（1 入出力）1 次元の線形時不変システムが最も簡単なシステムである．1 入出力システムの場合，B, C, D がそれぞれ $n \times 1, 1 \times n, 1 \times 1$，さらに，1 入出力 1 次元の場合には A, B, C, D がすべてスカラ定数になる．

3.2 モデルの振舞い

特定の条件を満たすいくつかの状態方程式は関数の形でモデルの振舞いが導出できる。数値解によるシミュレーションの結果の評価を行う場合などに利用できるので，線形微分方程式の解法について簡単に紹介しておこう。

3.2.1 変 数 分 離 形

微分方程式がつぎの形をしたものは右左辺を 1 変数のみで表記し，両辺を対応する変数で積分することによって，解を求めることが可能である。

$$\frac{dy}{dx} = g(x)f(y)$$
$$\xrightarrow{変数分離} \frac{dy}{f(y)} = g(x)dx$$

前節の 1 入出力 1 次元の線形時不変システムで $B = 0$ とした次式は状態方程式を変数分離形として解くことができる。

$$\frac{d}{dt}x(t) = ax(t),\ a：スカラ$$
$$\xrightarrow{変数分離} \frac{dx}{x} = adt$$

右辺を t で，左辺を x で積分すると

$$\int \frac{dx}{x} = \int adt$$
$$\Leftrightarrow \log|x(t)| = at + C$$

とできる。これを $x(t)$ について解くと

$$x(t) = \pm e^c e^{at} \int adt$$
$$= C_1 e^{at},\ C_1 = \pm e^c \tag{3.4}$$

となる。

C_1 は $x(t)$ の初期値に依存する定数で，C_1 を含む解を**一般解**と呼ぶ。$C_1 = b$ に定まった解

$$x(t) = be^{at}$$

を**特殊解**（特解）と呼ぶ。例えば，システムの初期条件として $x(0) = b$（b は定数）がわかっている場合，式 (3.4) に $t = 0$ を代入し，$C_1 = b$ となる。

例 3.1　$y' = -xy$, 初期条件として $x = 0$ のとき $y = 1$ がわかっているとする。

このとき

$$\frac{dy}{y} = -xdx$$

と変数分離形で記述できる。左辺を y, 右辺を x で積分すると

$$\log|y| = -\frac{x^2}{2} + C$$
$$|y| = e^{-x^2/2+C} = e^C e^{-x^2/2}$$
$$y = \pm e^C e^{-x^2/2}$$

となる。$\pm e^C$ を C_1 と置き，任意定数を含む形の一般解が得られる。

　　一般解　　　$y = C_1 e^{-x^2/2}$

　　任意定数　　C_1

また，初期条件から $y|_{x=0} = C_1 e^{-0^2/2} = C_1$ の値が 0 であることがわかっているので，任意定数の値が $C_1 = 1$ とできる。つまり

　　特殊解　　　$y = e^{-x^2/2}$

が得られる。

一般解に含まれないが，与えられた微分方程式を満たす解を**特異解**という。

例 3.2 微分方程式 $\dfrac{dy}{dx} = 3y^{2/3}$ に対し,$y \equiv 0$ は題意を満たすので,解である ($y = 0 \Rightarrow y' = 0$。一方,与式の右辺から $3y^{2/3}|_{y=0} = 0$。つまり,両辺が等しい)。

与式を変数分離形に書き直すと

$$y^{-2/3}dy = 3dx$$

とできる。左辺を y で,右辺を x で積分すると

$$\text{左辺} \quad \int y^{-2/3}dy = \frac{1}{1-\dfrac{2}{3}}y^{1-2/3} = 3y^{1/3}$$

$$\text{右辺} \quad \int 3dx = 3x + C$$

となる。よって

$$y = \left(x + \frac{C}{3}\right)^3$$

ここで,$\dfrac{C}{3}$ を改めて C_1 と書き直すと

$$y = (x + C_1)^3$$

と一般解が得られるが $y \equiv 0$ は表せない。

つまり,$y \equiv 0$ は特異解である。

3.2.2 定数変化法

式 (3.3) において,$u(t) \equiv 0$ のときの状態方程式を **1 階線形非同次微分方程式**といい,解法として定数変化法がある。定数変化法は,同次方程式の一般解を求める Step 1 と Step 1 で求めた任意定数 C を独立変数の関数と考えて非同次方程式の一般解を導出する(定数を変化させる)Step 2 から成る。

一般に,1 階線形非同次微分方程式は

$$\frac{dy}{dx} + P(x)y = R(x)$$

の形で表される。ここで $R(x) \equiv 0$ とすると

$$\frac{dy}{dx} + P(x)y = 0$$

となり，前項で述べた変数分離形の解法が適用できる。

$$\begin{cases} \text{非同次微分方程式} & \dfrac{dy}{dx} + P(x)y = R(x) \\ \text{同次微分方程式} & \dfrac{dy}{dx} + P(x)y = 0 \end{cases} \longleftarrow \text{既出}: \underbrace{\dfrac{1}{y}dy = -P(x)dx}_{\text{変数分離形}}$$

以下，定数変化法を使った解の導出手順を示す。

Step 1 方程式 $\dfrac{dy}{dx} + P(x)y = R(x)$ に対し，$R(x) = 0$ と置き，次式の一般解を考える。

$$\frac{dy}{dx} + P(x)y = 0$$

について，変数分離形に変形し，次式を得る。

$$\frac{1}{y}dy = -P(x)dx$$

右辺を x，左辺を y で積分すると

$$\log|y| = -\int P(x)dx + C$$

となる。これを y について解き

$$|y| = e^C e^{-\int P(x)dx}$$

を得る。$\pm e^C = C_1$ と置くと $y = C_1 e^{-\int P(x)dx}$ となる。

Step 2 任意定数 C_1 を x の関数 $C_1(x)$ とする（定数を変化させる）。具体的には，Step 1 で求めた $y = C_1 e^{-\int P(x)dx}$ を

$$y = C_1(x) e^{-\int P(x)dx} \tag{3.5}$$

に置き換えて，非同次方程式（与式）の y に代入する。

つまり，与式左辺が

$$\begin{aligned}\frac{dy}{dx} + P(x)y &= C_1'(x)e^{-\int P(x)dx} + C_1(x)(-P(x))e^{-\int P(x)dx} \\ &\quad + P(x)C_1(x)e^{-\int P(x)dx} \\ &= C_1'(x)e^{-\int P(x)dx}\end{aligned}$$

となる。これが，与式右辺の $R(x)$ に等しいので

$$\begin{aligned}&C_1'(x)e^{-\int P(x)dx} = R(x) \\ \Leftrightarrow\ &C_1'(x) = R(x)e^{\int P(x)dx}\end{aligned} \tag{3.6}$$

の関係が得られる。式 (3.6) の両辺を x で積分すると

$$C_1(x) = \int R(x)e^{\int P(x)dx}dx + C_2 \tag{3.7}$$

となる。ただし，C_2 は任意定数である。

式 (3.7) を式 (3.5)（同次方程式の一般解において $C_1 \to C_1(x)$ とした式）の y に代入すると

$$y = \left\{\int R(x)e^{\int P(x)dx}dx + C_2\right\}e^{-\int P(x)dx}$$

となり，非同次方程式の一般解が得られる。

例 3.3 方程式：$y' - xy = xe^{x^2/2}$：1 階線形非同次微分方程式の一般解を求めよう。

Step 1 与式の右辺を 0 と置き，同次方程式 $y' - xy = 0$ の一般解を求める。変数分離形に書き直すと

$$\frac{dy}{y} = x dx$$

となる。右辺を x, 左辺を y で積分すると

$$\int \frac{1}{y} dy = \int x dx$$

となる。つまり

$$\log |y| = \frac{1}{2}x^2 + C_0$$

である。log をはずして y について整理すると

$$y = \pm e^{C_0} e^{x^2/2}$$

を得る。ここで $C = \pm e^{C_0}$ と置くと

$$y = C e^{x^2/2}$$

となり，同次方程式の一般解が求まった。

Step 2 任意定数 C を x の関数として，Step 1 で求めた同次方程式の一般解を

$$y = C(x) e^{x^2/2} \tag{3.8}$$

と書き直す。

これを非同次方程式（与式）の y に代入すると，与式左辺が

$$\begin{aligned} y' - xy &= C'(x) e^{x^2/2} - C(x) e^{x^2/2} - x C(x) e^{x^2/2} \\ &= C'(x) e^{x^2/2} \end{aligned}$$

となる。また，与式右辺が

$$x e^{x^2/2}$$

であるから

$$C'(x) = x \tag{3.9}$$

である。式 (3.9) の両辺を x で積分すると

$$C(x) = \frac{1}{2}x^2 + C_1$$

となる。これを，同次方程式の一般解において $C \to C(x)$ とした式 (3.8) の右辺に代入して，非同次方程式の一般解

$$y(x) = \left(\frac{1}{2}x^2 + C_1\right)e^{x^2/2}$$

を得る。

式 (3.3) で表されるシステムの状態方程式について，入力を考慮した解を定数変化法を利用して求めることができる。

例 3.4 1 入出力 1 次線形時不変システム

$$\dot{x}(t) = ax(t) + bu(t) \tag{3.10}$$

について，定数変化法の Step 1 として

$$\dot{x}(t) - ax(t) = 0$$

の一般解を求める。これは導出済みの式 (3.4) から

$$x(t) = C_1 e^{at}$$

となる。いま Step 2 の手続きとして，$C_1 \longrightarrow C_1(t)$ と置き換えて

$$x(t) = C_1(t)e^{at} \tag{3.11}$$

を式 (3.10) に代入すると，左辺の関係から

$$\dot{x}(t) = \dot{C}_1(t)e^{at} + aC_1(t)e^{at}$$

右辺の関係から

$$ax(t) + bu(t) = aC_1(t)e^{at} + bu(t)$$

となる。つまり

$$\dot{C}_1(t)e^{at} + aC_1(t)e^{at} = aC_1(t)e^{at} + bu(t)$$
$$\Leftrightarrow \dot{C}_1(t)e^{at} = bu(t)$$
$$\Leftrightarrow \dot{C}_1(t) = be^{-at}u(t) \tag{3.12}$$

である。式 (3.12) の両辺を t で積分すると

$$C_1(t) = b\int_0^t e^{-a\tau}u(\tau)d\tau$$

を得る。これを式 (3.11) へ代入すると

$$x(t) = be^{at}\int_0^t e^{-a\tau}u(\tau)d\tau$$
$$= b\int_0^t e^{a(t-\tau)}u(\tau)d\tau$$

となり，システムの状態について時間的推移（振舞い）を知ることができる。

3.2.3 m 階微分方程式 ($m \geqq 2$)

$m \geqq 2$ の場合，m 階微分方程式

$$\sum_{k=0}^{m} a_k \frac{d^k}{dt^k}x(t) = u(t) \ (a_m \neq 0)$$

について

$$\frac{d^k}{dt^k}x(t) = \frac{d^k}{dt^k}x_{k+1}(t)$$

と置くと

$$\frac{d}{dt}\boldsymbol{x}(t) = A\boldsymbol{x}(t) + Bu(t)$$
$$\boldsymbol{x}(t) = \begin{bmatrix} x_1 & x_2 & \cdots & x_{m-1} & x_m \end{bmatrix}^{\mathrm{T}}$$

$$
A = \begin{bmatrix}
0 & 1 & 0 & \cdots & 0 \\
0 & 0 & 1 & & 0 \\
\vdots & \vdots & & \ddots & \vdots \\
0 & 0 & 0 & \cdots & 1 \\
-\dfrac{a_{m-1}}{a_m} & -\dfrac{a_{m-2}}{a_m} & -\dfrac{a_{m-3}}{a_m} & \cdots & -\dfrac{a_1}{a_m}
\end{bmatrix}
$$

と書ける。このとき，$x(t)$ の**解析解**を求めるために，行列指数関数 e^{At} に関する性質を以下に示す。

e^{at} のべき級数展開

$$
e^{at} = 1 + at + \frac{a^2}{2!}t^2 + \frac{a^3}{3!}t^3 + \cdots
$$

において，a の代わりに行列 A を置き換えた行列方程式

$$
e^{At} = I + At + \frac{A^2}{2!}t^2 + \frac{A^3}{3!}t^3 + \cdots
$$

が行列指数関数である。この定義から，つぎの性質が得られる。

$$
e^0 = e^{At}|_{t=0} = I \tag{3.13}
$$
$$
\frac{d}{dt}e^{At} = A + A^2 t + \frac{A^3}{2!}t^2 + \cdots = A e^{At}
$$

また，A が対角化可能であるとき，A の 1 次独立な固有ベクトルによって対角変換行列 S を構成し，対角行列 $S^{-1}AS = \Lambda$ が導出できる。このとき

$$
\begin{aligned}
S^{-1}e^{At}S &= I + S^{-1}ASt + \frac{S^{-1}A^2 S}{2!}t^2 + \frac{S^{-1}A^3 S^{-1}}{3!}t^3 + \cdots \\
&= I + \Lambda t + \frac{1}{2!}\Lambda^2 t + +\frac{1}{3!}\Lambda^3 t^3 + \cdots \\
&= \begin{bmatrix}
e^{\lambda_1 t} & 0 & 0 & \cdots & 0 & 0 \\
0 & e^{\lambda_2 t} & 0 & \ddots & \vdots & 0 \\
0 & 0 & \ddots & \ddots & \ddots & \vdots \\
\vdots & \ddots & \ddots & \ddots & 0 & 0 \\
0 & \vdots & \ddots & 0 & e^{\lambda_{n-1} t} & 0 \\
0 & 0 & \cdots & 0 & 0 & e^{\lambda_n t}
\end{bmatrix}
\end{aligned} \tag{3.14}
$$

となる.

いま,$u(t) \equiv 0$ を仮定した式 (3.3) の状態方程式に,行列指数関数に初期値情報を付加した $e^{At}\boldsymbol{x}(0)$ を代入すると

$$\dot{\boldsymbol{x}}(t) = Ae^{At}\boldsymbol{x}(0)$$
$$A\boldsymbol{x}(t) + Bu(t) = Ae^{At}\boldsymbol{x}(0)$$

となり,方程式を満たす.さらに,式 (3.13) から $e^0 = I$ だから

$$e^{At}\boldsymbol{x}(0)|_{t=0} = e^{A0}\boldsymbol{x}(0) = \boldsymbol{x}(0)$$

であり,初期条件も満たす.よって,$e^{At}\boldsymbol{x}(0)$ は式 (3.3) の解であり,微分方程式の解の一意性から,$e^{At}\boldsymbol{x}(0)$ が唯一の解である.このとき,状態変数の値の振舞いに対して A の固有値が重要な役割を果たす.例えば,A が対角化可能かつ固有値の実部が負の場合,式 (3.14) から Λ の対角成分が 0 に収束する.

一般に

$$\frac{d}{dt}\boldsymbol{x}(t) = A\boldsymbol{x}(t)$$

において,すべての初期値(初期ベクトル)$\boldsymbol{x}(0)$ に対して

$$\lim_{t \to \infty} \boldsymbol{x}(t) = 0$$

が成り立つとき,システムが漸近安定であるという.また,システムが漸近安定であるための必要十分条件は,A の全固有値の実部が負となることである.

例 3.5 $\dfrac{d}{dt}\boldsymbol{x}(t) = \begin{bmatrix} 4 & -5 \\ 2 & -3 \end{bmatrix} \begin{bmatrix} x_1 \\ x_2 \end{bmatrix} + \begin{bmatrix} 1 \\ 0 \end{bmatrix} u(t),\ \boldsymbol{x}(0) = \begin{bmatrix} 1 \\ 0 \end{bmatrix}$

で表される線形時不変システムに入力

$$u(t) = \begin{cases} 0 & (t < 0) \\ 1 & (t \geqq 0) \end{cases} \qquad (ステップ入力)$$

を加えたときのシステムの振舞いを調べよう。まず，付録 A.2 の例 A.4 に従って係数行列を対角化する。つぎに，同次方程式の解を求め，定数変化法で入力を考慮した解（非同次方程式の解）を得る。いま，$\bm{x} = [x_1, x_2]^{\mathrm{T}}$ と置くと，上の連立方程式は

$$A\bm{x} = \lambda \bm{x}, \ A = \begin{bmatrix} 4 & -5 \\ 2 & -3 \end{bmatrix}, \ \bm{x} = [x_1, x_2]^{\mathrm{T}}$$

と表される。$(Ax - \lambda I)\bm{x} = 0$，かつ $x \neq 0$ を満たす λ，つまり固有値が存在するための必要十分条件は $|A - \lambda I| = 0$ である。

$$|A - \lambda I| = \begin{vmatrix} 4 - \lambda & -5 \\ 2 & -3 - \lambda \end{vmatrix} = 0$$

$$\Leftrightarrow (4 - \lambda)(-3 - \lambda) + 10 = 0$$

$$\Leftrightarrow \lambda^2 - \lambda - 2 = 0$$

であるから，2個の固有値は

$$\begin{cases} \lambda_1 = -1 \\ \lambda_2 = 2 \end{cases}$$

である。

$\lambda_1 = 1$ に対する固有ベクトルは

$$(A - \lambda_1 I)x = 0$$

を満たすから

$$\left(\begin{bmatrix} 4 & -5 \\ 2 & -3 \end{bmatrix} - \lambda_1 \begin{bmatrix} 1 & 0 \\ 0 & 1 \end{bmatrix} \right) \bm{x} = \begin{bmatrix} 5 & -5 \\ 2 & -2 \end{bmatrix} \begin{bmatrix} x_1 \\ x_2 \end{bmatrix}$$

$$= \begin{bmatrix} 5x_1 - 5x_2 \\ 2x_1 - 2x_2 \end{bmatrix}$$

$$= \begin{bmatrix} 0 \\ 0 \end{bmatrix}$$

となる．つまり，s_1 を 0 以外の任意定数として

$$\bm{x} = s_1 \begin{bmatrix} 1 \\ 1 \end{bmatrix}, \ s_1 \neq 0$$

が λ_1 に対する固有ベクトルである．

λ_2 に対する固有ベクトルは

$$(A - \lambda_2 I)\bm{x} = 0$$

を満たすから

$$\begin{bmatrix} 4-\lambda_2 & -5 \\ 2 & -3-\lambda_2 \end{bmatrix} \bm{x} = \begin{bmatrix} 2 & -5 \\ 2 & -5 \end{bmatrix} \bm{x} = 0$$

である．つまり，s_2 を 0 以外の任意定数として

$$\bm{x} = s_2 \begin{bmatrix} 5 \\ 2 \end{bmatrix}, \ s_2 \neq 0$$

が λ_2 に対する固有ベクトルである．

$$S = (\bm{x}_1, \bm{x}_2) = \begin{bmatrix} 1 & 5 \\ 1 & 2 \end{bmatrix}$$

と置くと $S^{-1} = -\dfrac{1}{3} \begin{bmatrix} 2 & -5 \\ -1 & 1 \end{bmatrix}$ である．よって

$$S^{-1}AS = \begin{bmatrix} -1 & 0 \\ 0 & 2 \end{bmatrix}$$

となる．いま

$$\frac{d}{dt}\bm{x}(t) = A\bm{x}(t)$$

の解 $e^{At}\bm{x}(0)$ に対し

$$S^{-1}e^{At}S = \begin{bmatrix} e^{-t} & 0 \\ 0 & e^{2t} \end{bmatrix}$$

$$\Leftrightarrow e^{At} = S \begin{bmatrix} e^{-t} & 0 \\ 0 & e^{2t} \end{bmatrix} S^{-1}$$

となり，同次方程式の解が次式で得られる．

$$\begin{bmatrix} x_1 \\ x_2 \end{bmatrix} = e^{At} \boldsymbol{x}(0)$$

$$= -\frac{1}{3} \begin{bmatrix} 2e^{-t} - 5e^{2t} & -5e^{-t} + 5e^{2t} \\ 2e^{-t} - 2e^{2t} & -5e^{-t} + 2e^{2t} \end{bmatrix} \begin{bmatrix} 1 \\ 0 \end{bmatrix}$$

$$= -\frac{1}{3} \begin{bmatrix} -5e^{-t} + 5e^{2t} \\ -5e^{-t} + 2e^{2t} \end{bmatrix}$$

さらに，$\boldsymbol{x}(0) \to \boldsymbol{z}(t)$ と定数変化法に従って置き直し，題意の微分方程式に代入すると，左辺との関係から

$$\frac{d}{dt} e^{At} \boldsymbol{z}(t) = A e^{At} \boldsymbol{z}(t) + e^{At} \frac{d}{dt} \boldsymbol{z}(t)$$

となる．これに，右辺との関係を考慮すると

$$A e^{At} \boldsymbol{z}(t) + e^{At} \frac{d}{dt} \boldsymbol{z}(t) = A e^{At} \boldsymbol{z}(t) + B u(t)$$

$$\frac{d}{dt} \boldsymbol{z}(t) = e^{-At} B u(t)$$

$$\boldsymbol{z}(t) = \int_0^\tau e^{-A\tau} B u(\tau) d\tau$$

$$= -\frac{1}{3} \int_0^\tau \begin{bmatrix} -5e^\tau - 5e^{-2\tau} \\ -5e^\tau + 2e^{-2\tau} \end{bmatrix} u(\tau) d\tau$$

となる．これを非同次方程式に代入すると，$u(t) = 1\,(t \geqq 0)$ に注意して

$$\begin{bmatrix} x_1 \\ x_2 \end{bmatrix} = e^{At} z(t)$$

$$= e^{At} \int_0^t e^{-A\tau} B u(\tau) d\tau$$

$$
\begin{aligned}
&= -\frac{1}{3}\int_0^t \begin{bmatrix} 15e^{-(t-\tau)} - 15e^{2(t-\tau)} \\ +15e^{-(t-\tau)} - 6e^{2(t-\tau)} \end{bmatrix} u(\tau)d\tau \\
&= \int_0^t \begin{bmatrix} -5e^{-(t-\tau)} + 5e^{2(t-\tau)} \\ -5e^{-(t-\tau)} + 2e^{2(t-\tau)} \end{bmatrix} u(\tau)d\tau \\
&= \left[\begin{bmatrix} -5e^{-(t-\tau)} - \dfrac{5}{2}e^{2(t-\tau)} \\ -5e^{-(t-\tau)} - e^{2(t-\tau)} \end{bmatrix} \right]_0^t \\
&= \begin{bmatrix} -\dfrac{15}{2} - 5e^{-t} - \dfrac{5}{2}e^{2t} \\ -6 - 5e^{-t} - e^{2t} \end{bmatrix}
\end{aligned}
$$

を得る。

解軌道をグラフ表示したものが図 **3.1** である。両軌道とも第 3 項の指数関数が影響して，発散している。

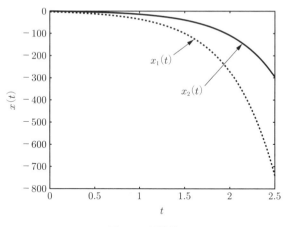

図 **3.1** 解軌道

上述の求解手順の一部に Octave を利用することもできる。

例 3.6 つぎのシステムについてステップ入力に対する時間応答（ステップ応答）を求める。

$$\frac{d^2x(t)}{dt^2} + 2\frac{dx(t)}{dt} + 2x(t) = u(t)$$

いま，$x(t) = x_1(t), x_2(t) = \dot{x}_1(t)$ と置くと，対象システムが

$$\frac{d}{dt}\begin{bmatrix} x_1 \\ x_2 \end{bmatrix} = \begin{bmatrix} 0 & 1 \\ -2 & -2 \end{bmatrix}\begin{bmatrix} x_1 \\ x_2 \end{bmatrix} + \begin{bmatrix} 0 \\ 1 \end{bmatrix} u(t)$$

と書ける。Octave を用いて係数行列の固有値 λ_1, λ_2 と固有ベクトル v_1, v_2 を求める場合，つぎの手続きから

$$\lambda_1 = -1 + i,\ v_1 = \alpha \begin{bmatrix} -1 - i & 2 \end{bmatrix}^\mathrm{T}$$
$$\lambda_2 = -1 - i,\ v_2 = \beta \begin{bmatrix} -1 + i & 2 \end{bmatrix}^\mathrm{T}$$
$$\alpha, \beta \in \mathrm{R}$$

と求まる。

```
octave.exe:1> A=[0 1;-2 -2];
octave.exe:2> [S G]=eig(A)
S =
  -0.40825 - 0.40825i  -0.40825 + 0.40825i
   0.81650 + 0.00000i   0.81650 - 0.00000i
G =
  -1.00000 + 1.00000i                    0
                    0  -1.00000 - 1.00000i
```

いま

$$S = \begin{bmatrix} -1-i & -1+i \\ 2 & 2 \end{bmatrix}$$

と置く。$u(t) \equiv 0$ について

$$\frac{d}{dt}\boldsymbol{x}(t) = A\boldsymbol{x}(t)$$

の解が $e^{At}\boldsymbol{x}(0)$ であることと

$$e^{At} = S \begin{bmatrix} e^{-1+i} & 0 \\ 0 & e^{-1-i} \end{bmatrix} S^{-1}$$

を利用して

$$\begin{bmatrix} x_1 \\ x_2 \end{bmatrix} = e^{At} \boldsymbol{x}(0)$$

$$= -\frac{1}{4i} \begin{bmatrix} (-1-i)e^{(-1+i)t} & (-1+i)e^{(-1-i)t} \\ 2e^{(-1+i)t} & 2e^{(-1-i)t} \end{bmatrix} \begin{bmatrix} 2 & 1-i \\ -2 & -1-i \end{bmatrix} \boldsymbol{x}(0)$$

$$= \frac{-e^{-t}}{2i} \begin{bmatrix} -(1+i)e^{it} + (1-i)e^{-it} & -e^{it} + e^{-it} \\ 2(e^{it} - e^{-it}) & (1-i)e^{it} - (1+i)e^{-it} \end{bmatrix} \boldsymbol{x}(0)$$

$$= \begin{bmatrix} e^{-t}(\cos t + \sin t) & e^{-t} \sin t \\ -2e^{-t} \sin t & e^{-t}(\cos t - \sin t) \end{bmatrix} \boldsymbol{x}(0)$$

を得る。さらに，$\boldsymbol{x}(0) \to \boldsymbol{z}(t)$ と定数を変化させて，題意の微分方程式に代入すると，左辺との関係から

$$\frac{d}{dt} e^{At} \boldsymbol{z}(t) = \frac{d}{dt} \left(\begin{bmatrix} e^{-t}(\cos t + \sin t) & e^{-t} \sin t \\ -2e^{-t} \sin t & e^{-t}(\cos t - \sin t) \end{bmatrix} \right) \boldsymbol{z}(t)$$
$$+ \begin{bmatrix} e^{-t}(\cos t + \sin t) & e^{-t} \sin t \\ -2e^{-t} \sin t & e^{-t}(\cos t - \sin t) \end{bmatrix} \dot{\boldsymbol{z}}(t) \quad (3.15)$$

となる。右辺との関係から

$$Ae^{At} \boldsymbol{z}(t) + B u(t)$$
$$= \begin{bmatrix} 0 & 1 \\ -2 & -2 \end{bmatrix} \begin{bmatrix} e^{-t}(\cos t + \sin t) & e^{-t} \sin t \\ -2e^{-t} \sin t & e^{-t}(\cos t - \sin t) \end{bmatrix} \boldsymbol{z}(t)$$
$$+ \begin{bmatrix} 0 \\ 1 \end{bmatrix} u(t) \quad (3.16)$$

となる。$\dfrac{d}{dt} e^{At} = Ae^{At}$ に注意すると，式 (3.15), (3.16) の右辺が等しいので

$$\begin{bmatrix} e^{-t}(\cos t + \sin t) & e^{-t}\sin t \\ -2e^{-t}\sin t & e^{-t}(\cos t - \sin t) \end{bmatrix} \dot{z}(t) = \begin{bmatrix} 0 \\ 1 \end{bmatrix} u(t)$$

$$\dot{z}(t) = \begin{bmatrix} e^{-t}(\cos t + \sin t) & e^{-t}\sin t \\ -2e^{-t}\sin t & e^{-t}(\cos t - \sin t) \end{bmatrix}^{-1} \begin{bmatrix} 0 \\ 1 \end{bmatrix} u(t)$$

$$z(t) = \int_0^t \begin{bmatrix} e^{-\tau}(\cos \tau + \sin \tau) & e^{-\tau}\sin \tau \\ -2e^{-\tau}\sin \tau & e^{-\tau}(\cos \tau - \sin \tau) \end{bmatrix}^{-1} \begin{bmatrix} 0 \\ 1 \end{bmatrix} u(\tau) d\tau$$

$$= \int_0^t \begin{bmatrix} e^{\tau}(\cos \tau - \sin \tau) & -e^{\tau}\sin \tau \\ 2e^{\tau}\sin \tau & e^{\tau}(\cos \tau + \sin \tau) \end{bmatrix} \begin{bmatrix} 0 \\ 1 \end{bmatrix} u(\tau) d\tau$$

$$= \int_0^t \begin{bmatrix} -e^{\tau}\sin \tau \\ \sqrt{2}e^{\tau}\sin\left(\tau + \frac{\pi}{4}\right) \end{bmatrix} d\tau$$

となる。よって

$$\begin{bmatrix} x_1 \\ x_2 \end{bmatrix} = e^{At} z(t)$$

$$= e^{At} \int_0^t \begin{bmatrix} -e^{\tau}\sin \tau \\ \sqrt{2}e^{\tau}\sin\left(\tau + \frac{\pi}{4}\right) \end{bmatrix} d\tau$$

$$= \int_0^t \begin{bmatrix} -e^{t-\tau}\sin(t-\tau) \\ \sqrt{2}e^{t-\tau}\sin\left(t-\tau + \frac{\pi}{4}\right) \end{bmatrix} d\tau$$

$$= \begin{bmatrix} \dfrac{1}{2} - \dfrac{e^{-t}}{2}(\sin t + \cos t) \\ \dfrac{1}{2} - \dfrac{e^{-t}}{2}\left\{\sin\left(t + \dfrac{\pi}{4}\right) + \cos\left(t + \dfrac{\pi}{4}\right)\right\} \end{bmatrix}$$

を得る。

3.2.4 ラプラス変換

ラプラス変換はシステムの振舞いを解析的に求める場合や安定解析に重要な役割を果たす。

$t < 0$ で $x(t) = 0$ となる関数 $x(t)$ を考える．

$$\int_0^\infty |x(t)|e^{-\sigma t}dt$$

が有限の値になるような σ が存在するとき，関数 $x(t)$ はラプラス変換可能であるという．このとき

$$X(s) = \int_0^\infty x(t)e^{-st}dt$$

を $x(t)$ のラプラス変換といい，$X(s) = \mathcal{L}[x(t)]$ と書く．また

$$x(s) = \frac{1}{2\pi j}\int_{c-j\infty}^{c+j\infty} X(s)e^{st}ds \, (c \geq \sigma)$$

を $X(s)$ のラプラス逆変換といい，$x(t) = \mathcal{L}^{-1}[X(s)]$ と書く．

ラプラス変換を用いると線形システムの応答に現れる合成積分

$$y(t) = \int_0^t g(t-\tau)u(\tau)d\tau$$

が，単純な積の形になる．

つまり，$Y(s) = \mathcal{L}[y(t)], G(s) = \mathcal{L}[g(t)], U(s) = \mathcal{L}[u(t)]$ として

$$Y(s) = G(s)U(s)$$

となり，応答解析が容易に行える．応答解析によく用いられる関数のラプラス変換を表 **3.2** にまとめておく．

システム解析でよく利用するラプラス変換の公式と性質を以下に記す．

1. a, b を任意のスカラとして

$$\mathcal{L}[ax(t)] = a\mathcal{L}[f(t)] = aX(s)$$
$$\mathcal{L}[ax(t) + by(t)] = aX(s) + bY(s)$$
$$\mathcal{L}^{-1}[aX(s)] = ax(t)$$
$$\mathcal{L}^{-1}[aX(s) + bY(s)] = ax(t) + by(t)$$

つまり，ラプラス変換，および逆変換は線形変換である．

表 3.2　おもな関数のラプラス変換

時間関数 $x(t)$	ラプラス変換 $X(s)$
$\delta(t)$ （単位インパルス関数）	1
1 （単位ステップ関数）	$\dfrac{1}{s}$
t （単位ランプ関数）	$\dfrac{1}{s^2}$
$\dfrac{t^n}{n!}$	$\dfrac{1}{s^{n+1}}$
e^{-at}	$\dfrac{1}{s+a}$
te^{-at}	$\dfrac{1}{(s+a)^2}$
$\dfrac{t^i e^{-at}}{i!}$	$\dfrac{1}{(s+a)^{i+1}}$
$\sin \omega t$	$\dfrac{\omega}{s^2+\omega^2}$
$\cos \omega t$	$\dfrac{s}{s^2+\omega^2}$
$e^{-at}\sin \omega t$	$\dfrac{\omega}{(s+a)^2+\omega^2}$
$e^{-at}\cos \omega t$	$\dfrac{s+a}{(s+a)^2+\omega^2}$

2. 微分，積分に関して

$$\mathcal{L}\left[\frac{d}{dt}x(t)\right] = sX(s) - x(0)$$

$$\mathcal{L}\left[\frac{d^n}{dt^n}x(t)\right] = s^n X(s) - s^{n-1}x(0) - \cdots - sx^{(n-2)}(0) - x^{(n-1)}(0)$$

$$\mathcal{L}\left[\int_0^t x(t)dt\right] = \frac{1}{s}X(s)$$

3. 最終値の定理：$\lim_{t \to \infty} x(t)$ が存在するとき

$$\lim_{t \to \infty} x(t) = \lim_{s \to 0} sX(s)$$

4. 初期値の定理：$\lim_{t \to +0} x(t)$ が存在するとき

$$\lim_{t \to +0} x(t) = \lim_{s \to \infty} sX(s)$$

ラプラス逆変換を実施する際，対象となる関数は一般に次式の有理関数で表される。

$$Y(s) = \frac{b_m s^m + \cdots + b_2 s + b_1}{s^n + a_n s^{n-1} + \cdots + a_2 s + a_1} = \frac{N(s)}{D(s)} \ (m < n) \tag{3.17}$$

$-p_i \ (i = 1, \cdots, n)$ を $D(s)$ の根として，$D(s)$ は次式の形に分解できる。

$$D(s) = (s + p_1)(s + p_2) \cdots (s + p_n) \tag{3.18}$$

このとき，$y(t) = \mathcal{L}^{-1}[Y(s)]$ がつぎの方法で求められる。

1. $p_i \neq p_j \ (\forall i, j)$ のとき，部分分数展開により

$$Y(s) = \frac{\alpha_1}{s + p_1} + \frac{\alpha_2}{s + p_2} + \cdots + \frac{\alpha_n}{s + p_n}$$

の形で $\alpha_i \ (i = 1, \cdots, n)$ が決定できる。つまり，s が実数のとき，上式の両辺に $(s - p_1)$ を乗じると

$$(s + p_1) Y(s) = \alpha_1 + \frac{\alpha_2 (s + p_1)}{s + p_2} + \cdots + \frac{\alpha_n (s + p_1)}{s + p_n} \tag{3.19}$$

となる。ところで，式 (3.17), (3.18) より

$$\begin{aligned}(s + p_1) Y(s) &= (s + p_1) \frac{b_m s^m + \cdots + b_2 s + b_1}{(s + p_1)(s + p_2) \cdots (s + p_n)} \\ &= \frac{b_m s^m + \cdots + b_2 s + b_1}{(s + p_2) \cdots (s + p_n)}\end{aligned} \tag{3.20}$$

となるので，式 (3.19), (3.20) の右辺に対して $s = -p_1$ とすると

$$\alpha_1 = \frac{b_m (-p_1)^m + \cdots + b_2 (-p_1) + b_1}{(-p_1 + p_2) \cdots (-p_1 + p_n)}$$

となり，α_1 が決まる。一般に，$i = 1, \cdots, n$ に対し

$$\alpha_i = \frac{N(-p_i)}{\prod_{k=1}^{i-1}(-p_i + p_k) \prod_{l=i+1}^{n}(-p_i + p_l)}$$

である。

ここで表 3.2 により

$$y(t) = \alpha_1 e^{-p_1 t} + \alpha_2 e^{-p_2 t} + \cdots + \alpha_n e^{-p_n t}$$

とできる。

例 3.7 つぎのシステムについて,ラプラス変換を利用してステップ入力に対する振舞いを求めよう。

$$\frac{d^2x(t)}{dt^2} + 4\frac{dx(t)}{dt} + 3x(t) = u(t)$$

$$u(t) = \begin{cases} 1 \ (t \geq 1) \\ 0 \ (t < 0) \end{cases}$$

表 3.2 を用いてラプラス変換すると

$$s^2 X(s) + 4sX(s) + 3X(s) = \frac{1}{s}$$

$$\Rightarrow X(s) = \frac{1}{s(s^2 + 4s + 3)}$$

$$= \frac{1}{s(s+1)(s+3)}$$

ここで

$$\frac{1}{s(s+1)(s+3)} = \frac{\alpha_1}{s} + \frac{\alpha_2}{s+1} + \frac{\alpha_3}{s+3}$$

と置くと,つぎのとおりに α_i ($i=1,2,3$) が求まる。

$$\alpha_1 = \left.\frac{s}{s(s+1)(s+3)}\right|_{s=0} = \frac{1}{3}$$

$$\alpha_2 = \left.\frac{s+1}{s(s+1)(s+3)}\right|_{s=-1} = -\frac{1}{2}$$

$$\alpha_3 = \left.\frac{s+3}{s(s+1)(s+3)}\right|_{s=-3} = \frac{1}{6}$$

再び表 3.2 を用いて

$$\mathcal{L}^{-1}\left[\frac{1}{3s}\right] = \frac{1}{3}$$

$$\mathcal{L}^{-1}\left[\frac{-1}{2(s+1)}\right] = -\frac{e^{-t}}{2}$$

$$\mathcal{L}^{-1}\left[\frac{1}{6(s+3)}\right] = \frac{e^{-3t}}{6}$$

と逆変換を求めると，システムの振舞いを次式で表すことができる。

$$x(t) = \frac{1}{3}u(t) - \frac{1}{2}e^{-t} + \frac{1}{6}e^{-3t} \tag{3.21}$$

このシステムは固有値（の実部）が負（$-1, -3$）であるため，時間の経過とともに $x(t)$ の値が一定値に収束する。図 **3.2** に $u(t)$ と $x(t)$ のグラフを示す。

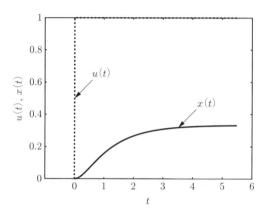

図 **3.2** 例 3.7 における $u(t)$ と $x(t)$

$t = 0$ で入力 $u(t)$ が 1 となり，システムが動作を開始する。初期的には式 (3.21) の右辺第 2, 3 項の影響が比較的大きく，動きが小さいが，次第に第 1 項の入力が支配的になり，$x(t)$ の値が $1/3$ に近付いていく様子が見てとれる。

---

2. 重根がある場合，$p_1 = p_2 = \cdots = p_k \neq p_{k+1} \neq p_k \neq p_n$ とすると

$$Y(s) = \frac{\beta_1}{(s+p_1)^k} + \frac{\beta_2}{(s+p_1)^{k-1}} + \cdots$$
$$+ \frac{\beta_k}{(s+p_1)} + \frac{\alpha_{k+1}}{(s+p_{k+1})} + \cdots + \frac{\alpha_n}{s+p_n}$$

と置くことによって，次式で $\beta_i \, (i = 1, \cdots, k)$ を定めることができる。$\alpha_j \, (j = k+1, \cdots, n)$ については，式 (3.20) と同様にして定めることができる。

$$\beta_1 = (s+p_1)^k Y(s)|_{s=-p_1}$$

$$\beta_i = \frac{1}{(i-1)!}\frac{d^{i-1}}{ds^{i-1}}\left\{(s+p_1)^k Y(s)\right\} \ (i=2,\cdots,k)$$
$$\alpha_j = (s+p_j)Y(s)|_{s=-p_j} \ (j=k+1,\cdots,n)$$

このとき，表 3.2 から

$$y(t) = \frac{\beta_1}{(k-1)!}t^{k-1}e^{-p_1 t} + \cdots + \beta_k e^{-p_1 t}$$
$$+ \alpha_{k+1}e^{-p_{k+1}t} + \cdots + \alpha_n e^{-p_n t}$$

を得る。

例 3.8 つぎのシステムを例 3.7 と同じ入力を使って動かしてみよう。

$$\frac{d^2 x(t)}{dt^2} + 4\frac{dx(t)}{dt} + 4x(t) = u(t)$$

これを表 3.2 を用いてラプラス変換すると

$$s^2 X(s) + 4s X(s) + 4X(s) = \frac{1}{s}$$
$$\Rightarrow X(s) = \frac{1}{s(s^2+4s+4)} = \frac{1}{s(s+2)^2}$$

となり，特性方程式が重根を持つ。そこで

$$\frac{1}{s(s+2)^2} = \frac{\alpha_1}{s} + \frac{\alpha_2}{s+2} + \frac{\alpha_3}{(s+2)^2}$$

と置くと，つぎのとおりに $\alpha_i \ (i=1,3,2)$ が求まる。

$$\alpha_1 = \left.\frac{s}{s(s+2)^2}\right|_{s=0} = \frac{1}{4}$$
$$\alpha_3 = \left.\frac{(s+2)^2}{s(s+2)^2}\right|_{s=-2} = -\frac{1}{2}$$
$$\alpha_2 = \left.\frac{d}{ds}\frac{1}{s}\right|_{s=-2} = \left.-\frac{1}{s^2}\right|_{s=-2} = -\frac{1}{4}$$

逆変換は表 3.2 を用いて

$$\mathcal{L}^{-1}\left[\frac{1}{s}\right] = 1$$
$$\mathcal{L}^{-1}\left[\frac{-1}{s+2}\right] = e^{-2t}$$

$$\mathcal{L}^{-1}\left[\frac{1}{(s+2)^2}\right] = te^{-2t}$$

と求まるので，$x(t)$ が次式のとおりに定まる。

$$x(t) = \frac{1}{4}u(t) - \frac{1}{2}te^{-2t} - \frac{1}{4}e^{-2t}$$

図 3.3 に $u(t)$ と $x(t)$ のグラフを示す。

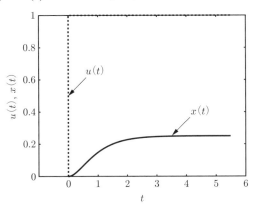

図 3.3　例 3.8 における $u(t)$ と $x(t)$

システムの固有値が -2 であるため，例 3.7 のシステムに比べて，早く $x(t)$ が一定値（$1/4$）に収束していくのがわかる。

---

3. 複素根が存在する場合，式 (3.20) に $p_k = a_k + b_k i$, $p_{k+1} = a_k - b_k i$ が含まれる。このとき

$$\sum_{i=1}^{p-1}\frac{\alpha_i}{s+p_i} + \frac{\alpha_k}{s+p_k} + \frac{\alpha_{k+1}}{s+p_{k+1}} + \sum_{i=1}^{p-1}\frac{\alpha_i}{s+p_i}$$
$$= \frac{N(s)}{\prod_{i=1}^{n}(s+p_i)} \tag{3.22}$$

となるので，両辺に $s+p_k$ を乗じて $s=-p_k$ として α_k を，両辺に $s+p_{k+1}$ を乗じて $s=-p_{k+1}$ として α_{k+1} を得る。

$$\alpha_k = \frac{N(-a_k+b_k i)}{\prod_{i=1}^{k-1}(-a_k+b_k i+p_i)\prod_{i=k+1}^{n}(-a_k+b_k i+p_i)}$$
$$= -\sigma + \gamma i$$

$$\alpha_{k+1} = \frac{N(-a_k - b_k i)}{\prod_{i=1}^{k}(-a_k - b_k i + p_i)\prod_{i=k+2}^{n}(-a_k - b_k i + p_i)}$$
$$= -\sigma - \gamma i$$

ただし，σ, γ は実数である．つまり

$$Y(s) = \sum_{i=1}^{k-1}\frac{\alpha_i}{s+p_i} + \frac{-\sigma - \gamma i}{s+p_k} + \frac{-\sigma + \gamma i}{s+p_{k+1}} + \sum_{i=k+2}^{n}\frac{\alpha_i}{s+p_i}$$

の右辺第 $k, k+1$ 項に対する時間応答（解）がつぎのとおり得られる．

$$y(t) = \cdots + (-\sigma - \gamma i)e^{-p_k t} + (-\sigma + \gamma i)e^{-p_{k+1} t} + \cdots$$
$$= \cdots + (-\sigma - \gamma i)e^{(a_k + b_k i)t} + (-\sigma + \gamma i)e^{(a_k - b_k i)t} + \cdots$$
$$= \cdots + e^{a_k t}\left\{(-\sigma - \gamma i)e^{ib_k t} + (-\sigma + \gamma i)e^{-ib_k t}\right\} + \cdots$$

オイラーの公式から

$$e^{ib_k t} = \cos b_k t + i\sin b_k t$$
$$e^{-ib_k t} = \cos b_k t - i\sin b_k t$$

に注意すると

$$y(t) = \cdots + e^{a_k t}\left\{C_1 \cos(b_k t) + iC_2 \sin(b_k t)\right\} + \cdots \tag{3.23}$$

$$C_1 = (-\sigma - \gamma i) + (-\sigma + \gamma i), \ C_2 = (-\sigma - \gamma i) - (-\sigma + \gamma i) \tag{3.24}$$

と書ける．

例 3.9 つぎのシステムについてステップ入力に対する時間応答（ステップ応答）を求めよう．

$$\frac{d^2 x(t)}{dt^2} + 2\frac{dx(t)}{dt} + 2x(t) = u(t)$$

これを表 3.2 を用いてラプラス変換すると

$$s^2 X(s) + 2sX(s) + 2X(s) = \frac{1}{s}$$
$$\Rightarrow X(s) = \frac{1}{s(s^2 + 2s + 2)} = \frac{1}{s(s+1+i)(s+1-i)}$$

となり，特性方程式が複素根を持つ．そこで

$$\frac{1}{s(s^2+2s+2)} = \frac{\alpha_1}{s} + \frac{\alpha_2}{s+1+i} + \frac{\alpha_3}{s+1-i}$$

と置くと，つぎのとおりに $\alpha_i\ (i=1,2,3)$ が求まる．

$$\alpha_1 = \left.\frac{s}{s(s^2+2s+2)}\right|_{s=0} = \frac{1}{2}$$

$$\alpha_2 = \left.\frac{(s+1+i)}{s(s^2+2s+2)}\right|_{s=-1-i} = -\frac{1}{-1-i}\frac{1}{2i} = -\frac{1+i}{4}$$

$$\alpha_3 = \left.\frac{(s+1-i)}{s(s+1+i)(s+1-i)}\right|_{s=-1+i} = \frac{1}{-1+i}\frac{1}{2i} = \frac{-1+i}{4}$$

逆変換は表 3.2 を用いて

$$\mathcal{L}^{-1}\left[\frac{1}{2s}\right] = \frac{1}{2}$$

$$\mathcal{L}^{-1}\left[\frac{-1-i}{4}\frac{1}{s+1+i}\right] = \frac{-1-i}{4}e^{(-1-i)t} = e^{-t}\frac{-1-i}{4}e^{-it}$$

$$\mathcal{L}^{-1}\left[\frac{-1+i}{4}\frac{1}{s+1-i}\right] = \frac{-1+i}{4}e^{(-1+i)t} = e^{-t}\frac{-1+i}{4}e^{it}$$

と求まる．ここで，オイラーの公式から

$$e^{it} = \cos t + i\sin t$$

$$e^{-it} = \cos t - i\sin t$$

であるから

$$e^{-t}\frac{-1+i}{4}e^{it} = e^{-t}\frac{-1+i}{4}(\cos t + i\sin t)$$

$$= \frac{e^{-t}}{4}\left\{-\cos t - \sin t + i(\cos t - \sin t)\right\}$$

$$e^{-t}\frac{-1-i}{4}e^{-it} = e^{-t}\frac{-1-i}{4}(\cos t - i\sin t)$$

$$= \frac{e^{-t}}{4}\left\{-\cos t - \sin t + i(-\cos t + \sin t)\right\}$$

つまり，$x(t)$ が次式のとおりに定まる．

$$x(t) = \frac{1}{2}u(t) - \frac{e^{-t}}{2}(\cos t + \sin t)$$

$$= \frac{1}{2}u(t) - \frac{\sqrt{2}}{2}e^{-t}\sin\left(t + \frac{\pi}{4}\right)$$

$u(t)$ は $t \geq 1$ で振動要素がないステップ入力であるが,システムの振舞いに振動要素が含まれていることがわかる(図 **3.4**)。

---- 実行例 **3.1** ----

```
octave.exe:1> t=linspace(-0.2,10,1021);
octave.exe:2> for i=1:1020
> if(t(i)<0) u(i)=0;
> x(i)=0;
> else u(i)=1;
> x(i)=u(i)/2-sqrt(2)*exp(-t(i))*(sin(t(i)+pi/4))/4;
> endif
> endfor
octave.exe:3> j=linspace(1,1020,1020);
octave.exe:4> plot(t(j),u(j),t(j),x(j))
octave.exe:5> axis([-0.2,10,-0.2,1.1])
```

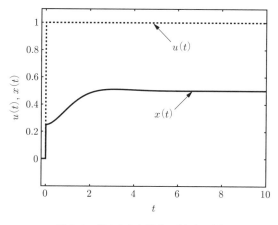

図 **3.4** 例 3.9 における $u(t)$ と $x(t)$

3.2.5 伝達関数と安定性

ラプラス変換を利用するとシステムの振舞い,特に安定性について有用な情報が得られる。ラプラス変換したシステムからシステムの固有値を導出する方法を以下に示す。式 (3.3) の線形時不変システムを $D = \mathbf{0}$ の場合について,ラプラス変換すると

$$sX(s) = AX(s) + BU(s) \tag{3.25}$$

$$Y(s) = CX(s)$$

このとき，式 (3.25) の状態方程式が

$$sX(s) = AX(s) + BU(s)$$

$$(sI - A)X(s) = BU(s)$$

$$X(s) = (sI - A)^{-1}BU(s)$$

と書き直せることから，入出力の関係が

$$Y(s) = CX(s)$$
$$= C(sI - A)^{-1}BU(s)$$

と表される．1 入出力システムの場合，$C(sI - A)^{-1}B$ は**伝達関数**と呼ばれる．また，分母多項式の根が**極**と呼ばれ，システムの固有値と一致する．極の実部が負であればシステムは漸近安定，虚軸上にあれば臨界安定となり，正であれば不安定となる．

例 3.10 (極による安定判別)　a を定数として，対象システムが

$$\frac{d}{dt}\begin{bmatrix} x_1 \\ x_2 \end{bmatrix} = \begin{bmatrix} 0 & 1 \\ -(a^2+1) & -2a \end{bmatrix}\begin{bmatrix} x_1 \\ x_2 \end{bmatrix} + \begin{bmatrix} 0 \\ 1 \end{bmatrix}u(t)$$

$$y(t) = \begin{bmatrix} 1 & 0 \end{bmatrix}x(t)$$

のとき，両辺をラプラス変換すると

$$sX(s) = \begin{bmatrix} 0 & 1 \\ -(a^2+1) & -2a \end{bmatrix}X(s) + \begin{bmatrix} 0 \\ 1 \end{bmatrix}U(s)$$

$$Y(s) = \begin{bmatrix} 1 & 0 \end{bmatrix}X(s)$$

となる．

$$\left(sI - \begin{bmatrix} 0 & 1 \\ -(a^2+1) & -2a \end{bmatrix}\right) X(s) = \begin{bmatrix} 0 \\ 1 \end{bmatrix} U(s)$$

より伝達関数を求めると

$$X(s) = \left(sI - \begin{bmatrix} 0 & 1 \\ -(a^2+1) & -2a \end{bmatrix}\right)^{-1} \begin{bmatrix} 0 \\ 1 \end{bmatrix} U(s)$$

$$Y(s) = \begin{bmatrix} 1 & 0 \end{bmatrix} \left(\begin{bmatrix} s & -1 \\ a^2+1 & s+2a \end{bmatrix}\right)^{-1} \begin{bmatrix} 0 \\ 1 \end{bmatrix} U(s)$$

$$= \begin{bmatrix} 1 & 0 \end{bmatrix} \begin{bmatrix} \dfrac{s+2a}{(s+a)^2+1} & \dfrac{1}{(s+a)^2+1} \\ \dfrac{-(a^2+1)}{(s+a)^2+1} & \dfrac{s}{(s+a)^2+1} \end{bmatrix} \begin{bmatrix} 0 \\ 1 \end{bmatrix} U(s)$$

$$= \dfrac{1}{(s+a)^2+1} U(s)$$

である。特性方程式

$$(s+a)^2 + 1 = 0$$

からシステムの極 λ_1, λ_2 を求めると

$$\lambda_1 = -a + i$$

$$\lambda_2 = -a - i$$

となり，システムは $a>0$ のとき安定，$a<0$ のとき不安定になることがわかる。例えば，$a=-1$ のとき

$$\dfrac{1}{s(s^2-2s+2)} = \dfrac{\alpha_1}{s} + \dfrac{\alpha_2}{s-1+i} + \dfrac{\alpha_3}{s-1-i}$$

と置くと，つぎのとおりに $\alpha_i\ (i=1,2,3)$ が求まる。

$$\alpha_1 = \left.\dfrac{s}{s(s^2-2s+2)}\right|_{s=0} = \dfrac{1}{2}$$

$$\alpha_2 = \left.\dfrac{s-1+i}{s(s^2+2s+2)}\right|_{s=1-i} = -\dfrac{1}{1-i}\dfrac{1}{-2i} = -\dfrac{-1+i}{4}$$

$$\alpha_3 = \left.\frac{s-1-i}{s(s-1+i)(s-1-i)}\right|_{s=1+i} = \frac{1}{1+i}\frac{1}{2i} = \frac{-1-i}{4}$$

逆変換は表 3.2 を用いて

$$\mathcal{L}^{-1}\left[\frac{1}{2s}\right] = \frac{1}{2}$$

$$\mathcal{L}^{-1}\left[\frac{-1+i}{4}\frac{1}{s-1+i}\right] = \frac{-1+i}{4}e^{(1-i)t} = e^t\frac{-1+i}{4}e^{-it}$$

$$\mathcal{L}^{-1}\left[\frac{-1-i}{4}\frac{1}{s+1-i}\right] = \frac{-1-i}{4}e^{(1+i)t} = e^t\frac{-1-i}{4}e^{it}$$

と求まる．ここで，オイラーの公式を使うと

$$e^{it} = \cos t + i\sin t$$

$$e^{-it} = \cos t - i\sin t$$

であるから

$$e^t\frac{-1+i}{4}e^{-it} = e^t\frac{-1+i}{4}(\cos t - i\sin t)$$

$$= \frac{e^t}{4}\{-\cos t + \sin t + i(\cos t + \sin t)\}$$

$$e^t\frac{-1-i}{4}e^{it} = e^{-t}\frac{-1-i}{4}(\cos t + i\sin t)$$

$$= \frac{e^t}{4}\{-\cos t + \sin t + i(-\cos t - \sin t)\}$$

となる．つまり，$x(t)$ が次式のとおりに定まる．

$$\begin{aligned}x(t) &= \frac{1}{2}u(t) - \frac{e^t}{4}(\cos t - \sin t)\\ &= \frac{1}{2}u(t) - \frac{\sqrt{2}}{4}e^{-t}\cos\left(t + \frac{\pi}{4}\right)\end{aligned} \quad (3.26)$$

また，$a = 0$ のとき

$$\frac{1}{s(s^2+1)} = \frac{\alpha_1}{s} + \frac{\alpha_2}{s+i} + \frac{\alpha_3}{s-i}$$

と置くと，次ページのとおりに α_i $(i = 1, 2, 3)$ が求まる．

$$\alpha_1 = \left.\frac{s}{s(s^2+1)}\right|_{s=0} = 1$$

$$\alpha_2 = \left.\frac{s+i}{s(s^2+1)}\right|_{s=-i} = \frac{1}{-i}\frac{1}{-2i} = -\frac{1}{2}$$

$$\alpha_3 = \left.\frac{s-i}{s(s+i)(s-i)}\right|_{s=i} = \frac{1}{i}\frac{1}{2i} = -\frac{1}{2}$$

表 3.2 を用いて逆変換すると

$$\mathcal{L}^{-1}\left[\frac{1}{s}\right] = 1$$

$$\mathcal{L}^{-1}\left[\frac{-1}{2}\frac{1}{s+i}\right] = -\frac{1}{2}e^{-it}$$

$$\mathcal{L}^{-1}\left[\frac{-1}{2}\frac{1}{s-i}\right] = -\frac{1}{2}e^{it}$$

となる。オイラーの公式から

$$-\frac{1}{2}e^{-it} = -\frac{1}{2}(\cos t - i\sin t)$$

$$-\frac{1}{2}e^{it} = -\frac{1}{2}(\cos t + i\sin t)$$

に注意すると，$x(t)$ が次式のとおりに定まる。

$$x(t) = u(t) - \cos t \tag{3.27}$$

この場合，$x(t)$ の値は有界ではあるが，振動要素が減衰しない「臨界安定」であることがわかる。式 (3.26), (3.27) で表されるシステムの振舞いを図示しておこう。

─── 実行例 3.2 ───

```
octave.exe:1> t=linspace(-0.2,20,2021);
octave.exe:2> for i=1:2020
> if(t(i)<0) u(i)=0;
> x(i)=0;
> y(i)=0;
> else u(i)=1;
> x(i)=u(i)/2-sqrt(2)*exp(t(i))*(cos(t(i)+pi/4))/4;
> y(i)=u(i)-cos(t(i));
> endif
```

```
> endfor
```

— 実行例 3.3 —

```
octave.exe:3> j=linspace(1,2020,2020);
octave.exe:4> subplot(311)
octave.exe:5> ph1=plot(t(j),u(j),t(j),x(j))
octave.exe:6> set(ph1,"linewith",3);
octave.exe:7> axis([-0.2,20,-4e+007,6e+007])
octave.exe:8> subplot(312)
octave.exe:9> ph2=plot(t(j),u(j),t(j),x(j))
octave.exe:10> set(ph2,"linewith",3);
octave.exe:11> axis([-0.2,20,-0.2,7.0])
octave.exe:12> subplot(313)
octave.exe:13> ph3=plot(t(j),u(j),t(j),y(j))
octave.exe:14> set(ph3,"linewith",3);
octave.exe:15> axis([-0.2,20,-0.2,2.1])
```

図 3.5 のグラフのうち上段は $a = -1$ の場合について $x(t)$ を $0 \leqq t \leqq 20$ の範囲ですべて表示したものである。このうち $u(t)$ の周辺を拡大したグラ

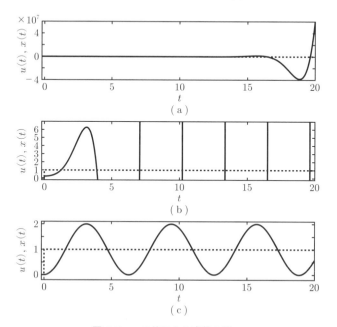

図 3.5 a の値による応答の違い

フが中段である。t の増加とともに $x(t)$ の値が，振動しつつ発散していくことを示している。また，下段のグラフは式 (3.27) で表される $x(t)$ の動きを表している。

具体的なシステムパラメータに対して Octave を利用して安定判別を行うことも可能である。例えば，式 (3.25) に対して $a=-1$ のとき，特性方程式の係数をつぎの操作で求めることができる。

───── 実行例 3.4 ─────
```
octave.exe:1> A=[0 1;-2 2]
A =
   0   1
  -2   2
octave.exe:2> l=poly(A)
l =
   1.0000  -2.0000   2.0000
```

これは特性方程式が

$$s^2 - 2s + 2 = 0$$

であることを表している。さらに

───── 実行例 3.5 ─────
```
octave.exe:3> roots(l)
ans =
   1.00000 + 1.00000i
   1.00000 - 1.00000i
```

から，システムの極が

$$1.0 \pm i$$

であり，その実部が正となっていることから，システムが不安定であることがわかる。

$a=1$ の場合について極を求めると

───── 実行例 3.6 ─────
```
octave.exe:1> A=[0 1;-2 2]
A =
   0   1
```

```
    -2    -2
octave.exe:2> l=poly(A)
l =
    1.0000   2.0000   2.0000
octave.exe:3> roots(l)
ans =
   -1.00000 + 1.00000i
   -1.00000 - 1.00000i
```

から，特性方程式が

$$s^2 + 2s + 2 = 0$$

であり，例 3.9 のシステムと同じ極 $-1 \pm i$ を持つことがわかる．この場合すべての極について，実部が負であることから，システムは安定である．

3.3 シミュレーション

前節では微分方程式を解くことによって解軌道を関数として導出する方法を解説した．導出された解については，ただ一つしか存在しないことが保証され，軌道の形状や状態変数の値を知るために必要な計算量も小さい．しかしながら，解くことができる微分方程式は限られており，導出方法についてもさまざまな「工夫」が必要になる．本節では，微分方程式の数値解法を利用して，システムの振舞いを知る方法を解説する．

3.3.1 マス・ばね・ダンパシステムのモデリングとシミュレーション

図 3.6 に示す構造を持った，マス・ばね・ダンパシステムのモデリングとシミュレーションを行おう．物理モデリングによって，前節で紹介した 1 階線形微分方程式を導出し，Octave の組込み関数である lsode を利用して，導出した微分方程式の数値解を求める．

(1) 物理モデリング　　システムの構成要素を
基本要素　　ばね，ダンパ（粘性摩擦），マス（質点）

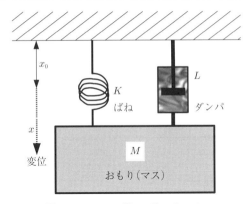

図 **3.6** マス・ばね・ダンパモデル

特性量 M：マスの質量，K：ばね定数，L：ダンパの粘性摩擦係数

計測量 t：時刻，$x(t)$：マスの変位，$\dot{x}(t)$：マスの速度，$\ddot{x}(t)$：マスの加速度

外部入力：$u(t)$

出力：$y(t)$

と設定する。各構成要素に関する物理法則として

  ばね $f_k(t) = Kx(t)$

  ダンパ $f_d(t) = L\dot{x}(t)$

  マス $f_m(t) = M\ddot{x}(t)$

を利用して，図 3.6 の構造に対する力の釣合いから，2 階線形非同次微分方程式

$$M\ddot{x}(t) + L\dot{x}(t) + Kx(t) = u(t) \tag{3.28}$$

を得る。いま，状態変数を

$$x_1(t) = x(t)$$
$$x_2(t) = \dot{x}(t)$$

と置くと

$$\dot{x}_1(t) = x_2(t)$$

$$M\dot{x}_2(t) + Lx_2(t) + Kx_1(t) = u(t) \tag{3.29}$$

と，式 (3.28) を書き直すことができ，1 階線形連立微分方程式を得る．式 (3.29) を

$$\dot{x}_2(t) = -\frac{K}{M}x_1(t) - \frac{L}{M}x_2(t) + \frac{1}{M}u(t)$$

と変形すると，状態方程式が次式のとおりとなる．

$$\begin{bmatrix} \dot{x}_1(t) \\ \dot{x}_2(t) \end{bmatrix} = \begin{bmatrix} 0 & 1 \\ -\dfrac{K}{M} & -\dfrac{L}{M} \end{bmatrix} \begin{bmatrix} x_1(t) \\ x_2(t) \end{bmatrix} + \begin{bmatrix} 0 \\ \dfrac{1}{M} \end{bmatrix} u(t)$$

また，出力を $x_1(t)$ とする場合の出力方程式は

$$y(t) = \begin{bmatrix} 1 & 0 \end{bmatrix} \begin{bmatrix} x_1(t) \\ x_2(t) \end{bmatrix}$$

となり

$$\boldsymbol{x}(t) = \begin{bmatrix} x_1(t) \\ x_2(t) \end{bmatrix}$$

$$A = \begin{bmatrix} 0 & 1 \\ -\dfrac{K}{M} & -\dfrac{L}{M} \end{bmatrix}$$

$$B = \begin{bmatrix} 0 \\ \dfrac{1}{M} \end{bmatrix}$$

$$C = \begin{bmatrix} 1 \\ 0 \end{bmatrix}$$

$$D = 0$$

と置くと，システム方程式が

$$\dot{\boldsymbol{x}}(t) = A\boldsymbol{x}(t) + Bu(t) \tag{3.30}$$

$$y(t) = C\boldsymbol{x}(t) \tag{3.31}$$

とでき，式 (3.2)，(3.3) の形に一致する．

（2） コーディング　　Octave には微分方程式の数値解法として関数 lsode がある。この関数は

$$[x, \text{ISTATE}, \text{MSG}] = \text{lsode}(\text{FCN}, x0, t, [t\text{-crit}])$$

の形で用いられる。左辺の第 1 要素 x は数値解を格納する変数，第 2 要素 ISTATE は結果コードで，2 が返ると計算成功，2 以外の値が返ると失敗を表し，失敗した場合には MSG にメッセージが入る。

右辺の第 1 引数 FCN には微分方程式を記述した関数ファイル名を指定する。第 2 引数 x0 は状態変数の初期値，第 3 引数には数値解を求める時刻の範囲を指定する。第 4 引数はオプションで，数値解の計算から除外する範囲を指定する。

式 (3.30), (3.31) に対し，$M = K = 1$, $L = 0.2$ と設定し，$t = 0.5$ でステップ入力を加えた場合について，Octave によってシミュレーションを行うためのプログラムを以下に示す。

―――― プログラム 3-1 (MassDump.m) ――――

```
% メインプログラム (ファイル MassDump.m に保存)
global K M L;
K=1;
M=1;             %物理パラメータ
L=0.2;
% p=[x1 x2] : 状態変数, p0:初期ベクトル
p0 = [0 0]';
p=[0 0]';
t=linspace(0, 50, 1001);
% 0-50 秒まで 1000 個のデータを等間隔に取る：システムを動かす時間
p = lsode("UPDATE",p0,t);
% 微分方程式は関数 "UPDATE" に書いてある
u=[zeros(1,100) ones(1,901)]; % グラフ作成用データを作る
plot(t,u,'-',t,p(:,1),':');   % グラフの描画
pdata=[t' p(:,1)] % 各時刻におけるマス位置データ
```

―――― プログラム 3-2 ――――

```
% 関数"UPDATE"の定義 (ファイル UPDATE.m に保存)
function pdot = UPDATE(p,t) % 関数宣言
global K M L;
  pdot = zeros(2,1); % p ベクトルの微分値
```

```
    x1 = p(1,1);
    x2 = p(2,1);
    u=0;
    if(t>=5) u=1;
    endif
     % 時刻 t=5(秒) にステップ入力
    dx2 = -K .* x1/M-L .* x2/M+u/M;   % マスの加速度の計算

    pdot(1,1) = x2;  % システム方程式 dx1=x2
    pdot(2,1) = dx2; % システム方程式 dx2=-Kx1/M-Lx2/M+u/M
  endfunction
```

プログラムはメインプログラムを記述したファイルと微分方程式を記述した関数ファイルとに分かれている。メインプログラムを "MassDump.m", 微分方程式を記述したファイルを "UPDATE.m" として保存し, Octave プロンプトから "MassDump" を実行することによって, 結果を確認することができる (図 **3.7**)。

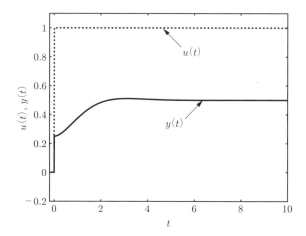

図 **3.7** マス・ばね・ダンパモデルのシミュレーション

───────── 実行例 **3.7** ─────────
```
octave.exe:1> dir
.    ..    UPDATE.m    MassDump.m
octave.exe:2> MassDump
```

プログラム中，"%" 以降はコメントであり，評価されない．物理パラメータ K, M, L はグローバル変数として宣言し，MassDump.m と UPDATE.m で共通に参照している．また，ステップ入力はグラフ作成用データとして MassDump.m で，微分方程式の右辺を計算するためのデータとして UPDATE.m で利用し，それぞれ別に作成していることに注意されたい．

(3) 数式モデルの計算機シミュレーション

機械システム　式 (3.30)，(3.31) によって記述されたシステムについて，M, L, K の値を，$M = K = 1.0$，$L = 0.2, 0.8, 1.2, 1.8$ に設定し，$t = 0.5$ でステップ入力（$t < 0.5$ のとき，$u(t) = 0$，$t \geq 0.5$ のとき $u(t) = 1$）を加えた場合のシミュレーションを行い，$0 \leq t \leq 50$ におけるモデルの振舞いを調べてみよう．MassDump.m, UPDATE.m のプログラムにおいて，L の値を順に 0.2, 0.8, 1.2, 1.8 と変更して保存・実行した結果を図 **3.8** に示す．グラフの横軸は時間，縦軸はマスの位置を表している．結果から L の値を大きくしていくと振動が小さく，短時間で収まっていることがわかる．一方，解析解を求めるとモデルの振舞いが振動的になるが，粘性摩擦係数を調整することで振動が早期に収束することが確かめられる．

例 3.11　$M = K = 1.0$，$L = 2a$ のとき，システムの伝達関数 $G(s)$ は

$$G(s) = \frac{1}{s^2 + 2as + 1}$$

である．ステップ入力のラプラス変換が $U(s) = \dfrac{1}{s}$ であることに注意し，式 (3.22)〜(3.24) の導出法に従うと

$$G(s)U(s) = \frac{\alpha_1}{s} + \frac{\alpha_2}{s + a - \sqrt{1 - a^2}} + \frac{\alpha_3}{s + a + \sqrt{1 - a^2}}$$

$$\alpha_1 = sG(s)U(s)|_{s=0}$$
$$= \left. \frac{1}{(s + a + \sqrt{a^2 - 1})(s + a - \sqrt{a^2 - 1})} \right|_{s=0}$$
$$= \frac{1}{a^2 - (a^2 - 1)} = 1$$

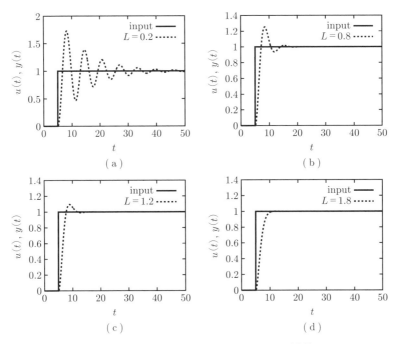

図 3.8　マス・ばね・ダンパモデルのステップ応答
（ダンパの変更）

$$\alpha_2 = (s+a+\sqrt{a^2-1})G(s)U(s)\Big|_{s=-a-\sqrt{a^2-1}}$$
$$= \frac{1}{s(s+a-\sqrt{a^2-1})}\Big|_{s=-a-\sqrt{a^2-1}}$$
$$= \frac{1}{2(a+\sqrt{a^2-1})\sqrt{a^2-1}}$$
$$\alpha_3 = (s+a-\sqrt{a^2-1})G(s)U(s)\Big|_{s=-a+\sqrt{a^2-1}}$$
$$= \frac{1}{s(s+a+\sqrt{a^2-1})}\Big|_{s=-a+\sqrt{a^2-1}}$$
$$= \frac{1}{2(-a+\sqrt{a^2-1})\sqrt{a^2-1}}$$

となる．このとき，解析解が

$$y(t) = 1 + \frac{e^{-(a+\sqrt{a^2-1})t}}{2(a+\sqrt{a^2-1})\sqrt{a^2-1}}$$
$$+ \frac{e^{-(a-\sqrt{a^2-1})t}}{2(-a+\sqrt{a^2-1})\sqrt{a^2-1}}$$

となる．つまり，システムの出力（この場合マスの位置）が振動的になるのは $a < 1$ の場合であり，a の値が 0 に近付くほど振動要素が強くなることがわかる．逆に，a の値が 1 を超えると振動は消え，値が大きくなるほど早く収束する傾向があることがわかる．これは，図 3.8 の結果に一致する．

つぎに，同じステップ入力に対し，M, L, K の値を，$M = 1.0$, $L = 0.2$, $K = 0.1, 0.5, 0.8, 1.2$ に設定し，モデルの振舞いをみよう．MassDump.m を引数を取る関数に変更し，K, M, L の値を容易に調整できるようにしてシミュレーションを行う．

―― 実行例 3.8 ――

```
octave.exe:1> type MassDumpX.m
function MassDumpX(k,m,d)
global K M L;
  K=k; M=m; L=d;
  p0 = [0 0]';
  p=[0 0]';
  t=linspace(0, 50, 1000);
  p = lsode("UPDATE",p0,t);
  u=[zeros(1,100) ones(1,900)];
  plot(t,u,':',t,p(:,1),'-');
endfunction
```

―― 実行例 3.9 ――

```
octave.exe:2> subplot(2,2,1)
octave.exe:3> MassDumpX(0.1,1.0,0.2)
octave.exe:4> subplot(2,2,2)
octave.exe:5> MassDumpX(0.5,1.0,0.2)
octave.exe:6> subplot(2,2,3)
octave.exe:7> MassDumpX(0.8,1.0,0.2)
octave.exe:8> subplot(2,2,4)
octave.exe:9> MassDumpX(1.2,1.0,0.2)
```

ばね定数が小さいものを使うと,ステップ入力によって,マスが大きく跳ね上げられていることがわかる.また,ばね定数の値の変更がマスの動きに強く影響することがわかる(図 **3.9**).

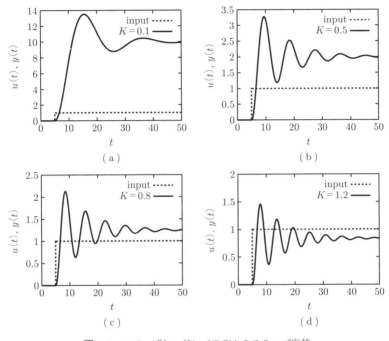

図 **3.9** マス・ばね・ダンパモデルのステップ応答
(ばねの変更)

例 3.12 ダンパの場合と同様にして,ばね定数を $K = b$ と置いて,解析解を求めよう.$M = 1.0$, $L = 0.2$, $K = b$ のとき,システムの伝達関数 $G(s)$ は

$$G(s) = \frac{1}{s^2 + 0.2s + b}$$

である.ステップ入力のラプラス変換が $U(s) = \dfrac{1}{s}$ であることに注意し,式 (3.22)〜(3.24) の導出法に従うと

$$G(s)U(s) = \frac{\alpha_1}{s} + \frac{\alpha_2}{s+0.1-\sqrt{0.01-b}} + \frac{\alpha_3}{s+0.1+\sqrt{0.01-b}}$$

$$\alpha_1 = sG(s)U(s)|_{s=0}$$
$$= \frac{1}{(s+0.1-\sqrt{0.01-b})(s+0.1+\sqrt{0.01-b})}\Bigg|_{s=0}$$
$$= \frac{1}{0.01-(0.01-b)} = \frac{1}{b}$$

$$\alpha_2 = (s+0.1-\sqrt{0.01-b})G(s)U(s)\Big|_{s=-0.1+\sqrt{0.01-b}}$$
$$= \frac{1}{s(s+0.1+\sqrt{0.01-b})}\Bigg|_{s=-0.1+\sqrt{0.01-b}}$$
$$= \frac{1}{2(-0.1+\sqrt{0.01-b})\sqrt{0.01-b}}$$

$$\alpha_3 = (s+0.1+\sqrt{0.01-b})G(s)U(s)\Big|_{s=-0.1-\sqrt{0.01-b}}$$
$$= \frac{1}{s(s+0.1-\sqrt{0.01-b})}\Bigg|_{s=-0.1-\sqrt{0.01-b}}$$
$$= \frac{1}{-2(-0.1-\sqrt{0.01-b})\sqrt{0.01-b}}$$

となる。このとき，解析解が

$$y(t) = \frac{1}{b} + \frac{e^{-(0.1+\sqrt{0.01-b})t}}{2(0.1+\sqrt{0.01-b})\sqrt{0.01-b}}$$
$$+ \frac{e^{-(0.1-\sqrt{0.01-b})t}}{2(-0.1+\sqrt{0.01-b})\sqrt{0.01-b}}$$

となる。この場合，$\lim_{t\to\infty} y(t) = \frac{1}{b}$ であり，ばね定数によって，平衡点が変わる。また，システムの出力が振動的になるのは $b > 0.01$ の場合であり，b の値が大きくなるほど振動周期が小さくなることがわかる。これは，図 3.9 の結果に一致する。現実にはばねの長さには限界がある。実験を行う場合，振動要素を取り除くために，ばね定数の小さいものを選択すると，ばねの長さの限界を超えて実験装置を破壊してしまうことも考えられる。

さらに，入力を周期関数に変更し，K, M, L の値を，$K = 0.1, 0.5, 0.8, 1.2$, $M = 1.0, L = 0.2$ に設定して，モデルの振舞いを確認する。

3.3 シミュレーション

───── プログラム 3-3 (MassDumpS.m) ─────

```
% メインプログラム (ファイル MassDumpS.m に保存)
function MassDumpX(k,m,d)
global K M L;
  K=k; M=m; L=d;
  p0 = [0 0]';
  p=[0 0]';
  t=linspace(0, 50, 1000);
  p = lsode("UPDATES",p0,t);
  u=sin(t)'; % 周期入力 (グラフ作成用データ)
  plot(t,u,'-',t,p(:,1),':');
endfunction
```

───── プログラム 3-4 (UPDATES.m) ─────

```
% 関数"UPDATES"の定義 (ファイル UPDATES.m に保存)
function pdot = UPDATES(p,t)
global K M L;
  pdot = zeros(2,1);
  x1 = p(1,1);
  x2 = p(2,1);
  u=sin(t); % 周期入力

  dx2 = -K .* x1/M-L .* x2/M+u/M;

  pdot(1,1) = x2;
  pdot(2,1) = dx2;
endfunction
```

───── 実行例 3.10 ─────

```
octave.exe:1> subplot(2,2,1)
octave.exe:2> MassDumpS(0.1,1.0,0.2)
octave.exe:3> subplot(2,2,2)
octave.exe:4> MassDumpS(0.5,1.0,0.2)
octave.exe:5> subplot(2,2,3)
octave.exe:6> MassDumpS(0.8,1.0,0.2)
octave.exe:7> subplot(2,2,4)
octave.exe:8> MassDumpS(1.2,1.0,0.2)
```

図 3.10 のグラフから, 同一周期入力に対してばね定数を大きくすると, 入力に対する出力の追従性が良くなっていることが見てとれる. またこのとき, ば

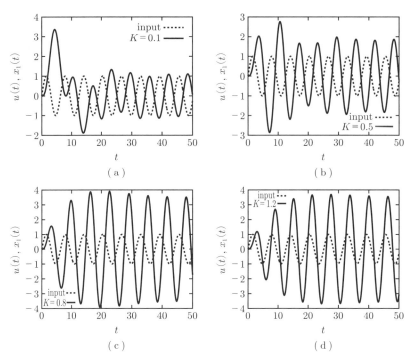

図 3.10 マス・ばね・ダンパモデルの応答（周期入力）

ね定数の増加とともに，出力の振幅が大きくなっていることがわかる。

さらに，入力の周期を指定できるようにプログラムを以下のとおりに変更し，$K = 1.2, M = 1.0, L = 0.2$ について，入力の周期 W を $W = 0.2, 0.5, 1.0, 1.5$ として実行してみよう。

――― 実行例 3.11 ―――

```
octave.exe:1> type MassDumpS.m
function MassDumpS(k,m,d,w)
global K M L W;
  K=k; M=m; L=d; W=w;
  p0 = [0 0]';
  p=[0 0]';
  t=linspace(0, 50, 1000);
  p = lsode("UPDATES",p0,t);
  u=sin(W*t)';
  plot(t,u,'-',t,p(:,1),':');
```

```
endfunction
```

─ 実行例 3.12 ─
```
octave.exe:1> type UPDATES.m
  function pdot = UPDATES(p,t)
  global K M L W;
    pdot = zeros(2,1);
    x1 = p(1,1);
    x2 = p(2,1);
    u=sin(W*t);
    dx2 = -K .* x1/M-L .* x2/M+u/M;
    pdot(1,1) = x2;
    pdot(2,1) = dx2;
  endfunction
```

─ 実行例 3.13 ─
```
octave.exe:1> subplot(2,2,1)
octave.exe:2> MassDumpS(0.1,1.0,0.2)
octave.exe:3> subplot(2,2,2)
octave.exe:4> MassDumpS(0.5,1.0,0.2)
octave.exe:5> subplot(2,2,3)
octave.exe:6> MassDumpS(0.8,1.0,0.2)
octave.exe:7> subplot(2,2,4)
octave.exe:8> MassDumpS(1.2,1.0,0.2)
```

結果から，ω の値を大きくすると出力の振幅が大きく，追従性は低下する．逆に，周期を大きくすると振幅は小さく，追従性は改善することが見てとれる．また，周期入力の場合には，システムの設定の違いが，結果に強い影響を及ぼすことがわかる（図 3.11）．

例 3.13 上記シミュレーションで用いたシステムに，周期入力を適用した場合の解析解を求めよう．$M = 1.0, L = 0.2, K = b, W = \omega$ とする．システムの伝達関数 $G(s)$ は

$$G(s) = \frac{1}{s^2 + 0.2s + b}$$

である．入力 $u(t) = \sin \omega t$ に対し，ラプラス変換が $U(s) = \dfrac{\omega}{s^2 + \omega^2}$ であ

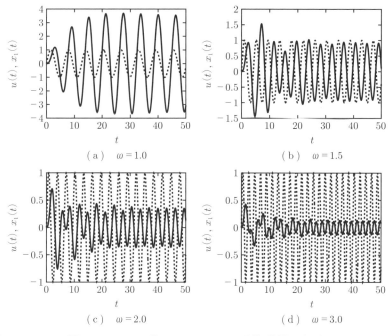

図 **3.11** マス・ばね・ダンパモデルの応答（周期入力 2）

ることに注意し，式 (3.22)〜(3.24) の導出法に従うと

$$G(s)U(s) = \frac{\omega\alpha_{1a}}{s+i\omega} + \frac{\omega\alpha_{1b}}{s-i\omega}$$
$$+ \frac{\alpha_2}{s+0.1-\sqrt{0.01-b}} + \frac{\alpha_3}{s+0.1+\sqrt{0.01-b}}$$

$$\omega\alpha_{1a} = (s+i\omega)G(s)U(s)|_{s=-i\omega}$$
$$= \frac{1}{(s-i\omega)(s+0.1-\sqrt{0.01-b})(s+0.1+\sqrt{0.01-b})}\bigg|_{s=-i\omega}$$
$$= \frac{1}{2i\omega(\omega^2+0.2i\omega-b)}$$

$$\omega\alpha_{1b} = (s-i\omega)G(s)U(s)|_{s=i\omega}$$
$$= \frac{1}{(s+i\omega)(s+0.1-\sqrt{0.01-b})(s+0.1+\sqrt{0.01-b})}\bigg|_{s=i\omega}$$
$$= \frac{1}{2i\omega(-\omega^2+0.2i\omega+b)}$$

3.3 シミュレーション

$$\alpha_2 = (s+0.1-\sqrt{0.01-b})G(s)U(s)\Big|_{s=-0.1+\sqrt{0.01-b}}$$

$$= \frac{1}{(s^2+\omega^2)(s+0.1+\sqrt{0.01-b})}\Big|_{s=-0.1+\sqrt{0.01-b}}$$

$$= \frac{1}{-2(\omega^2+0.02-b+0.2\sqrt{0.01-b})\sqrt{0.01-b}}$$

$$\alpha_3 = (s+0.1+\sqrt{0.01-b})G(s)U(s)\Big|_{s=-0.1-\sqrt{0.01-b}}$$

$$= \frac{1}{(s^2+\omega^2)(s+0.1-\sqrt{0.01-b})}\Big|_{s=-0.1-\sqrt{0.01-b}}$$

$$= \frac{1}{2(\omega^2+0.02-b-0.2\sqrt{0.01-b})\sqrt{0.01-b}}$$

となる．ここで

$$\frac{\alpha_{1a}}{s+i\omega} + \frac{\alpha_{1b}}{s-i\omega} = \frac{(\alpha_{1a}+\alpha_{1b})s}{s^2+\omega^2} + i\frac{(-\alpha_{1a}+\alpha_{1b})\omega}{s^2+\omega^2}$$

$$\alpha_{1a} + \alpha_{1b} = \frac{0.8\omega^2}{A}$$

$$\alpha_{1b} - \alpha_{1a} = i\frac{-4\omega^2(\omega^2-b)}{A}$$

$$A = -4\omega^2(\omega^2-b)^2 - 0.16\omega^4$$

に注意すると，解析解が

$$y(t) = \frac{0.8\omega}{A}\cos\omega t + \frac{4\omega^2(\omega^2-b)}{A}\sin\omega t$$

$$+ \frac{e^{-(0.1+\sqrt{0.01-b})t}}{2(B-0.2\sqrt{0.01-b})\sqrt{0.01-b}}$$

$$+ \frac{e^{-(0.1-\sqrt{0.01-b})t}}{2(B+0.2\sqrt{0.01-b})\sqrt{0.01-b}}$$

$$B = \omega^2 + 0.02 - b$$

となる．また，$b > 0.01$ のときには

$$y(t) = \frac{0.8\omega}{A}\cos\omega t + \frac{4\omega^2(\omega^2-b)}{A}\sin\omega t$$

$$+ \frac{e^{-0.1t}}{C}\sin\left(\sqrt{b-0.01}\,t - \psi\right)$$

$$C = \sqrt{A^2(b-0.01) + 0.16(b-0.01)^2}$$
$$\psi = \arcsin\frac{0.4(b-0.01)}{C}$$

と書くことができ，ばね定数の値 b を大きくすると，出力の振幅が大きくなり位相の遅れは小さくなることがわかる。また，入力に関して ω の値を小さくすると出力の振幅が大きく，位相の遅れは大きくなる。これは，図3.10，図3.11の結果に一致する。

3.3.2 RC 回路のモデリングとシミュレーション

図 **3.12** に示す RC 回路に対し，モデリングとシミュレーションを行う。マス・ばね・ダンパシステムの場合と同様，物理モデリングによって 1 階線形微分方程式を導出し，Octave の組込み関数である lsode を利用して微分方程式の数値解を求める。

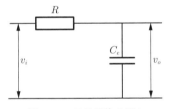

図 **3.12** RC 回路モデル

■ **物理モデリング** システムの構成要素を以下のとおりに設定する。

構成要素 コンデンサ，抵抗

特性量 R：抵抗，L：インダクタンス，C_e：静電容量（キャパシタンス）

計測量 t：時刻，$i(t)$：構成要素を通過する電流，$v(t)$：構成要素両端の逆起電力

外部入力：$v_i(t)$

出力：$v_o(t)$

各構成要素に関する物理法則としてつぎのものがある。

コンデンサ $i(t) = C_e \dot{v}(t)$ （または $v(t) = \dfrac{1}{C_e}\displaystyle\int_0^t i(\tau)d\tau + v(0)$）

抵抗 $v(t) = Ri(t)$

コイル $v(t) = Li(t)$

与えられた回路において，キルヒホッフの法則から

$$v_0(t) = v_i(t) - Ri(t)$$
$$C_e v_o(t) = \int i(t)dt$$

が成り立つので，これらより

$$RC_e \dot{v}_o(t) + v_o(t) = v_i(t)$$

となる。いま，状態変数 $x(t)$，入力 $u(t)$，出力 $y(t)$ を

$$x(t) = v_o(t)$$
$$u(t) = v_i(t)$$
$$y(t) = v_o(t)$$

と取ると数学モデルとして，1 入出力 1 次元システム

$$\dot{x}(t) = -\frac{1}{RC_e}x(t) + \frac{1}{RC_e}u(t) \tag{3.32}$$
$$y(t) = x(t) \tag{3.33}$$

を得る。

式 (3.32)，(3.33) で表された数学モデルの数値解を得るための Octave プログラムを以下に示す。メインプログラムと微分方程式を記述した関数ファイルとに分かれており，メインプログラムを "rc.m"，微分方程式を記述したファイルを "ec1up.m" というファイル名で保存する。そして，Octave のプロンプトから "rc" を実行すればよい。

───── プログラム 3-5 (rc.m) ─────

```
% RC 回路シミュレーションプログラム. "rc.m"として保存
  global R C;
      R=1;     % 抵抗値の設定
      C=1;     % 静電容量の設定
```

```
        p0 = 0; % 微分方程式の初期値
        p = 0;  % 状態変数の初期値

        t = linspace(0, 50, 1000); % 0〜50秒のシミュレーション

        p = lsode("ec1up",p0,t); % 微分方程式の数値解を求める
        u=[zeros(1,100) ones(1,900)];
           % 時刻 t=5(秒) にステップ入力
        plot(t,ut,'-',t,p(:,1),':'); % グラフ表示
```

───────── プログラム 3-6 (ec1up.m) ─────────

```
% "ec1up.m"として保存
function pdot = ec1up(p,t) % 微分方程式の記述
global R C;
      u=0;
      if(t>=5)
         u=1;
      endif

      pdot = -1/(R .* C) .* p + 1/(R .* C) .* u;
         % 微分方程式
endfunction
```

───────── 実行例 3.14 ─────────

```
octave.exe:1> dir
.     ..      rc.m     ec1up.m
octave.exe:2> rc
```

図 **3.13** に結果を示す。グラフから振動要素がない場合のマス・ばね・ダンパシステムの出力に類似していることがわかる。

式 (3.32), (3.33) をラプラス変換すると

$$X(s) = \frac{1}{s+1/(RC_e)} \frac{1}{RC_e} U(s)$$

$$Y(s) = X(s) = \frac{1}{s+1/(RC_e)} \frac{1}{RC_e} U(s)$$

であるから，ステップ入力に対して

$$Y(s) = \frac{1}{s+1/(RC_e)} \frac{1}{RC_e s} = \frac{\alpha_1}{RC_e s} + \frac{\alpha_2}{s+1/(RC_e)}$$

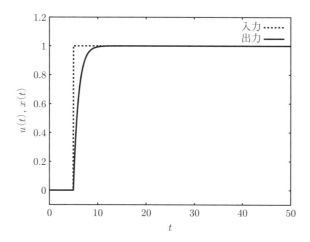

図 **3.13** RC 回路モデルのシミュレーション

$$\frac{\alpha_1}{RC_e} = sY(s)|_{s=0} = 1$$
$$\alpha_2 = (s + 1/(RC_e))Y(s)|_{s=-1/RC_e} = -1$$

となる．よって，解析解が

$$y(t) = u(t) - e^{-(1/RC_e)t} \tag{3.34}$$

と求まる．つまり，解析解の形状が，マス・ばね・ダンパシステムと同じ関数（ステップ関数と指数関数）で表されており，モデルとしての観点からは振舞いに本質的な違いがないことがわかる．

つぎに，$t > 8$ で入力値を 0 に変更し，複数の R, C の値に対するモデルの振舞いをみよう．結果を図 **3.14** に示す．

―――――― プログラム **3-7** (rc2.m) ――――――

```
% RC 回路シミュレーションプログラム
global R C;
R=1;    % 抵抗値の設定
C=1;    % 静電容量の設定
p0 = 0; % 微分方程式の初期値
p = 0;  % 状態変数の初期値

t = linspace(0, 50, 1000); % 0～50 秒までシミュレーション, 0.05 秒刻み
```

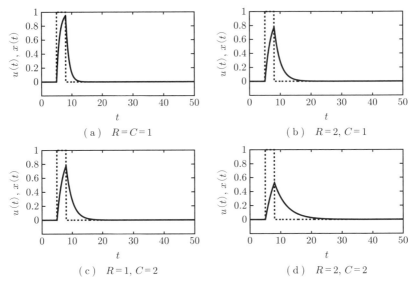

図 3.14 RC 回路の応答(入力の変更)

```
p = lsode("ec1up2",p0,t); % 微分方程式の数値解を求める
  u=[zeros(1,100) ones(1,900)];
    % 時刻 t=5(秒)にステップ入力
    u=0;
    if(t>=5) u=1;
    endif
ut=sin(t); % グラフ表示用に入力データを作る
plot(t,ut,'-',t,p(:,1),':'); % グラフ表示
```

―――――――― プログラム 3-8 (ec1up2.m) ――――――――

```
function pdot = ec1up2(p,t) % 微分方程式の記述
global R C;
        u = sin(t); % 外部入力
        pdot = -1/(R .* C) .* p + 1/(R .* C) .* u; % 微分方程式本体
endfunction
```

立上りに遅れがあるため, $y(t)=1$ となる前に入力がカットされており, RC の値が大きくなるほど, この傾向が強くなっている. これは式 (3.34) からもわかる. また, R と C の変更は等価であり, 形の上からはコンデンサの交換を抵

抗の交換で代替することが可能であることもわかる。

さらに，入力を周期関数に変更し，複数の R, C の値に対するモデルの振舞いをみよう。

──────── プログラム 3-9 (rcX.m) ────────

```
function rcX(r,c)
global R C;
  R=r;
  C=c;
  p0 = 0;
  p = 0;

  t = linspace(0, 50, 1000);

  p = lsode("ec1upX",p0,t);

  ut=[zeros(1,100) ones(1,60) zeros(1,100) ones(1,60)
    zeros(1,100) ones(1,60) zeros(1,100) ones(1,60)
    zeros(1,100) ones(1,60) zeros(1,100) ones(1,60)
      zeros(1,40)];
  plot(t,ut,'-',t,p(:,1),':');
```

──────── プログラム 3-10 (ex1upX.m) ────────

```
function pdot = ec1upX(p,t)
global R C;
  u=0;
  if((t>=5 & t<8)|(t>=13 & t<16)|(t>=21 & t<24)|
     (t>=29 & t<32)|(t>=37 & t<40)|(t>=45 & t<48)) u=1;
  endif

    pdot = -1/(R .* C) .* p + 1/(R .* C) .* u;
endfunction
```

$(R,C) = (1,1), (2,2), (1,4), (4,4)$ の場合についての結果を図 **3.15** に示す。遅れによって，出力の振幅が小さくなっており，R, C の値をより大きくすることによって，振幅がより小さくなっている。また，式 (3.34) から，遅れが $e^{-t/(RC)}$ の形から生じていること，R, C について，値を変更することの影響が等価であることがわかる。

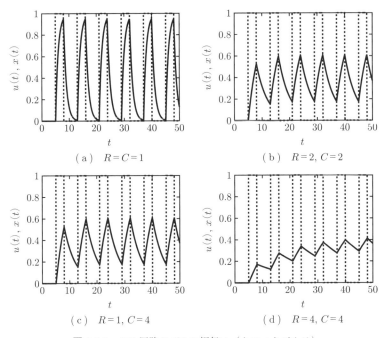

図 3.15　RC 回路モデルの振舞い（クロックパルス）

最後に，入力の周期を変更し，出力応答に対する影響を調べよう．

───── 実行例 3.15 ─────
```
octave.exe:1> type rcS.m
rcS.m is the user-defined function defined from:
                              .\rcS.m
function rcS(r,c,w)
global R C W;
R=r; C=c; W=c
p0 = 0;
p = 0;

t = linspace(0, 50, 1000);

p = lsode("rc1upS",p0,t);
ut=sin(W*t);
plot(t,ut,':',t,p(:,1),'-');
```

3.3 シミュレーション　　97

───── 実行例 3.16 ─────
```
octave.exe:2> type rc1upS.m
rc1upS.m is the user-defined function defined from:
                                   .\rc1upS.m
function pdot = rc1upS(p,t)
global R C W;
        u = sin(W*t);

        pdot = -1/(R .* C) .* p + 1/(R .* C) .* u;
endfunction
```

───── 実行例 3.17 ─────
```
octave.exe:3> subplot(2,2,1)
octave.exe:4> rcS(1,1,0.5)
octave.exe:5> subplot(2,2,2)
octave.exe:6> rcS(1,1,1)
octave.exe:7> subplot(2,2,3)
octave.exe:8> rcS(1,1,2)
octave.exe:9> subplot(2,2,4)
octave.exe:10> rcS(1,1,3)
```

$W = 0.5, 1.0, 2.0, 3.0$ に対する出力応答を図 **3.16** に示す．図から，周期が小さくなるとともに振幅が低下していることがわかる．この場合，入力が $u(t) = \sin(\omega t)$ であることに注意して，式 (3.32), (3.33) をラプラス変換すると

$$Y(s) = \frac{1}{s + 1/(RC_e)} \frac{1}{RC_e} \frac{\omega}{s^2 + \omega^2}$$

$$= \frac{1}{RC_e}\left(\frac{\alpha_{1a}}{s + i\omega} + \frac{\alpha_{1b}}{s - i\omega}\right) + \frac{\alpha_2}{s + 1/(RC_e)}$$

$$\frac{\alpha_{1a}}{RC_e} = (s + i\omega)Y(s)|_{s=-i\omega}$$

$$= \frac{1}{-i\omega + 1/(RC_e)} \frac{1}{RC_e} \frac{\omega}{-2i\omega}$$

$$= \frac{1}{-2(\omega + i/(RC_e))} \frac{1}{RC_e}$$

$$= \frac{\omega - i/(RC_e)}{-2(\omega^2 + 1/(RC_e)^2)} \frac{1}{RC_e}$$

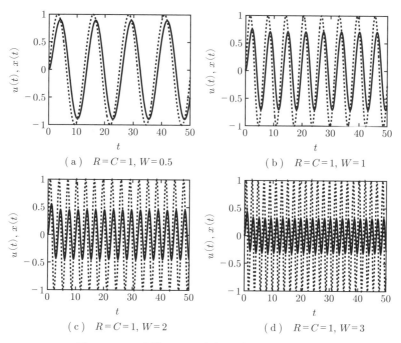

図 **3.16** RC 回路モデルの振舞い（入力周期の変更）

$$\frac{\alpha_{1b}}{RC_e} = (s - i\omega)Y(s)|_{s=i\omega}$$
$$= \frac{1}{i\omega + 1/(RC_e)} \frac{1}{RC_e} \frac{\omega}{2i\omega}$$
$$= \frac{1}{2(-\omega + i/(RC_e))} \frac{1}{RC_e}$$
$$= \frac{\omega + i/(RC_e)}{2(-\omega^2 - 1/(RC_e)^2)} \frac{1}{RC_e}$$
$$\alpha_2 = (s + 1/(RC_e))Y(s)|_{s=-1/(RC_e)}$$
$$= \frac{\omega}{1/(RC_e)^2 + \omega^2}$$

となる。ここで

$$\frac{\alpha_{1a}}{s + i\omega} + \frac{\alpha_{1b}}{s - i\omega} = \frac{(\alpha_{1a} + \alpha_{1b})s}{s^2 + \omega^2} + i\frac{(-\alpha_{1a} + \alpha_{1b})\omega}{s^2 + \omega^2}$$
$$\alpha_{1a} + \alpha_{1b} = \frac{2\omega}{A}$$

$$\alpha_{1b} - \alpha_{1a} = i\frac{2/(RC_e)}{A}$$
$$A = -2(\omega^2 + 1/(RC_e))$$

に注意すると,解析解が

$$y(t) = \frac{2\omega}{A}\cos\omega t + \frac{2/(RC_e)}{A}\sin\omega t$$
$$+ \frac{\omega}{1/(RC_e)^2 + \omega^2}e^{-t/(RC_E)}$$

と求まる。時間が十分経過すると,出力の振幅が

$$\sqrt{\frac{4\omega^2 + 4/(RC_e)^2}{A^2}} = \left(\frac{\omega^2 + 1/(RC_e)^2}{(\omega^2 + 1/(RC_e))^2}\right)^{1/2}$$
$$= \left(\frac{1 + 1/(RC_e\omega)^2}{(\omega + 1/(RC_e\omega))^2}\right)^{1/2}$$

となることがわかる。つまり,$\omega > 1$ の範囲で ω の値を増加させると振幅が減少する。これは,図 4.9 の結果に一致する。

練習 RC 回路モデルに対し,$R=1, C=2$,
$$u = \begin{cases} 1 & (5 \leq t < 8, 13 \leq t < 16, 21 \leq t < 24) \\ 0 & (その他) \end{cases}$$
のときシミュレーションを 0〜50 秒まで行い,図示せよ。

3.3.3 RLC 回路のモデリングとシミュレーション

図 **3.17** に示す RLC 回路に対し,モデリングとシミュレーションを行う。

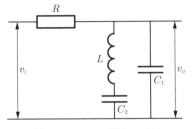

図 **3.17** RLC 回路モデル

(1) 物理モデリング　　システムの構成要素を以下のとおりに設定する。

構成要素　　コンデンサ，抵抗，コイル

特性量　　R：抵抗，L：インダクタンス，C_1, C_2：静電容量（キャパシタンス）

計測量　　t：時刻，$i(t)$：構成要素を通過する電流，$v(t)$：構成要素両端の逆起電力

外部入力：$v_i(t)$

出力：$v_o(t)$

状態変数として，C_1, C_2 の両端にかかる電圧をそれぞれ $x_1(t), x_2(t)$，L に流れる電流を $x_3(t)$ とし，各構成要素に関して物理法則を適用すると

$(C_2 に流れる電流) = (L に流れる電流) : C_2 \dot{x}_2(t) = x_3(t)$

$(L の逆起電力) + (C_2 の電圧) = (C_1 の電圧) : L\dot{x}_3 + x_2(t) = x_1(t)$

$(R の電圧降下) + (C_1 の電圧) = u(t) : R(C_1 \dot{x}_1(t) + x_3(t)) + x_1(t) = u(t)$

となる。以上を $\dot{x}_1(t), \dot{x}_2(t), \dot{x}_3(t)$ について整理すると

$$\dot{x}_1(t) = -\frac{1}{RC_1}x_1(t) - \frac{1}{C_1}x_3(t) + \frac{1}{RC_1}u(t)$$

$$\dot{x}_2(t) = \frac{1}{C_2}x_3(t)$$

$$\dot{x}_3(t) = \frac{1}{L}x_1(t) - \frac{1}{L}x_2(t)$$

となる。これらをベクトルと行列を使ってまとめると

$$\begin{bmatrix} \dot{x}_1(t) \\ \dot{x}_2(t) \\ \dot{x}_3(t) \end{bmatrix} = \begin{bmatrix} -\frac{1}{RC_1} & 0 & -\frac{1}{C_1} \\ 0 & 0 & \frac{1}{C_2} \\ \frac{1}{L} & -\frac{1}{L} & 0 \end{bmatrix} \begin{bmatrix} x_1(t) \\ x_2(t) \\ x_3(t) \end{bmatrix} + \begin{bmatrix} \frac{1}{RC_1} \\ 0 \\ 0 \end{bmatrix} u(t)$$

$$y = \begin{bmatrix} 1 & 0 & 0 \end{bmatrix} \begin{bmatrix} x_1(t) \\ x_2(t) \\ x_3(t) \end{bmatrix}$$

となり，1入出力3次元システムを得る。

3.3 シミュレーション

（2） コーディング　関数 lsode を使って，微分方程式の数値解を求めるための，Octave プログラムを作ってみよう。$5 \leq t \leq 8$ で $u(t) = 1$ とし，これ以外を $u(t) = 0$ とした入力をシステムに加え，$x_1(t)$ を出力する場合，以下のプログラムで数値解が得られる。

モデルが式 (3.2), (3.3) に準じているため，マス・ばね・ダンパシステム，RC 回路と類似したプログラムによって，シミュレーションを行うことができる。

──────────── プログラム **3-11** (ec2.m) ────────────

```
% RLC 回路のシミュレーションプログラム
global R L C1 C2;
R=1;
L=2.0;
C1=1;
C2=0.5;
p0 = [0 0 0]';
p=[0 0 0]';
t=linspace(0, 50, 1000);

p = lsode("ec2up",p0,t);
ut=[zeros(1,100) ones(1,900)];
plot(t,ut,'-',t,p(:,1),':');
```

──────────── プログラム **3-12** (ec2up.m) ────────────

```
function pdot = ec2up(p,t)
global R L C1 C2;
        pdot = zeros(3,1);
        x1 = p(1,1);
        x2 = p(2,1);
        x3 = p(3,1);

        u=0;
        if(t>=5) u=1;
        endif
        dx1 = -x1/(R .* C1) - x3/C1 + u/(R .* C1);
        dx2 = x2/C2;
        dx3 = x1/L - x2/L;
        pdot(1,1) = dx1;
        pdot(2,1) = dx2;
        pdot(3,1) = dx3;
endfunction
```

出力結果を図 **3.18** に示す。2 階微分を含むため，出力が振動的になっていることがわかる。

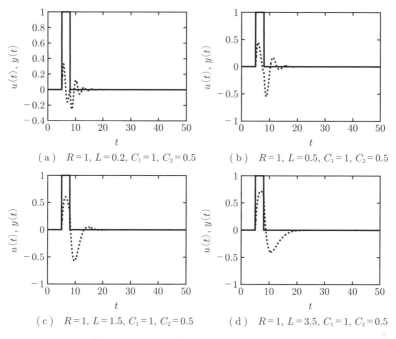

（a） $R=1, L=0.2, C_1=1, C_2=0.5$
（b） $R=1, L=0.5, C_1=1, C_2=0.5$
（c） $R=1, L=1.5, C_1=1, C_2=0.5$
（d） $R=1, L=3.5, C_1=1, C_2=0.5$

図 **3.18** RLC 回路モデルのシミュレーション

つぎに，入力を矩形波に変更し，複数の L の値に対するモデルの振舞いをみよう（図 **3.19**）。

―――――― プログラム **3-13** (ec3X.m) ――――――

```
function ec3X(c1,l)
global R L C1 C2;
R=1;
L=l;
C1=c1;
C2=0.5;
p0 = [0 0 0]';
p=[0 0 0]';
t=linspace(0, 50, 1000);

p = lsode("ec3Xup",p0,t);
ut=[zeros(1,100) ones(1,900)];
```

3.3 シミュレーション

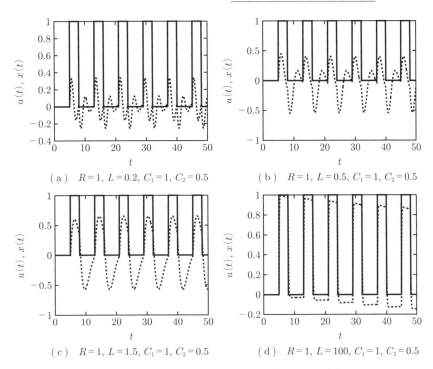

(a) $R=1$, $L=0.2$, $C_1=1$, $C_2=0.5$
(b) $R=1$, $L=0.5$, $C_1=1$, $C_2=0.5$
(c) $R=1$, $L=1.5$, $C_1=1$, $C_2=0.5$
(d) $R=1$, $L=100$, $C_1=1$, $C_2=0.5$

図 **3.19** 矩形波入力に対する RLC 回路モデルの応答

```
plot(t,ut,'-',t,p(:,1),':');
endfunction
```

―――― プログラム **3-14** (ec3Xup.m) ――――

```
% RLC 回路のシミュレーションプログラム
function pdot = ec3Xup(p,t)
global R L C1 C2;
        pdot = zeros(3,1);
        x1 = p(1,1);
        x2 = p(2,1);
        x3 = p(3,1);

        u=0;
        if(t>=5) u=1;
        endif
        dx1 = -x1/(R .* C1) - x3/C1 + u/(R .* C1);
```

```
        dx2 = x2/C2;
        dx3 = x1/L - x2/L;
        pdot(1,1) = dx1;
        pdot(2,1) = dx2;
        pdot(3,1) = dx3;
endfunction
```

さらに，入力を周期関数 $u(t) = \sin\omega t$ に変更し，複数の C_1, ω の値に対するモデルの振舞いをみよう．

―――― プログラム 3-15 (ec3S.m) ――――

```
% RLC 回路のシミュレーションプログラム
function ec3S(c1,w)
global R L C1 C2 W;
R=1;
L=2.0;
C1=c1;
C2=0.5;
p0 = [0 0 0]';
p=[0 0 0]';
t=linspace(0, 50, 1000);

p = lsode("ec3Sup",p0,t);
        ut=sin(W*t);
plot(t,p(:,1),':',t,ut,'-');
```

―――― プログラム 3-16 (ec3Sup.m) ――――

```
function pdot = ec3Sup(p,t)
global R L C1 C2 W;
        pdot = zeros(3,1);
        x1 = p(1,1);
        x2 = p(2,1);
        x3 = p(3,1);

        u = sin(W*t);
        dx1 = -x1/(R .* C1) - x3/C1 + u/(R .* C1);
        dx2 = x2/C2;
        dx3 = x1/L - x2/L;
        pdot(1,1) = dx1;
        pdot(2,1) = dx2;
        pdot(3,1) = dx3;
```

```
endfunction
```

——— 実行例 **3.18** ———

```
octave.exe:1> subplot(2,2,1)
octave.exe:2> ec3S(1,0.5,1,0.5)
octave.exe:3> subplot(2,2,2)
octave.exe:4> ec3S(1,0.5,1,1.0)
octave.exe:5> subplot(2,2,3)
octave.exe:6> ec3S(1,0.5,1,2.0)
octave.exe:7> subplot(2,2,4)
octave.exe:8> ec3S(0.6,0.5,1,3.0)
```

出力結果を図 **3.20** に示す。入力 $u(t) = \sin \omega t$ に対し，ω の値の増加に伴って，出力の振幅が大きくなっていることがわかる。また，C_1 の値を変更することでも振幅が大きく変動している。さらに，出力方程式を

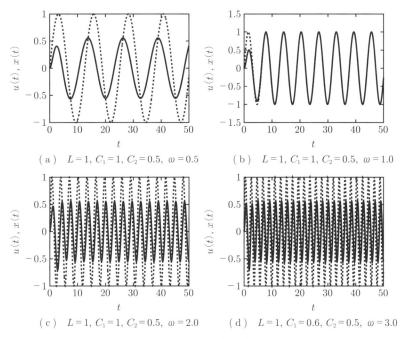

(a) $L=1$, $C_1=1$, $C_2=0.5$, $\omega=0.5$
(b) $L=1$, $C_1=1$, $C_2=0.5$, $\omega=1.0$
(c) $L=1$, $C_1=1$, $C_2=0.5$, $\omega=2.0$
(d) $L=1$, $C_1=0.6$, $C_2=0.5$, $\omega=3.0$

図 **3.20** RLC 回路モデルの応答（入力周期の変更）

$$y = \begin{bmatrix} 1 & 0 & 0 \end{bmatrix} \begin{bmatrix} x_1(t) \\ x_2(t) \\ x_3(t) \end{bmatrix}$$

とし，同じ設定における x_3 を出力すると，図 **3.21** のようになり，x_3 の値に対する ω の影響が，x_1 に対する ω の影響とは異なっていることがわかる．解析解を求めれば，RC 回路モデルと同様確認することができるが，導出は読者にお任せする．

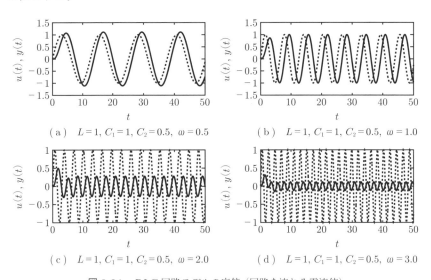

図 **3.21** RLC 回路モデルの応答（回路を流れる電流値）

―― 実行例 **3.19** ――

```
octave.exe:1> type ec3.m
ec3.m is the user-defined function defined from:
                            .\ec3.m
function ec3(c1,c2,l,w)
global R L C1 C2 W;
  R=1; L=l; C1=c1; C2=c2; W=w;
  p0 = [0 0 0]';
  p=[0 0 0]';
  t=linspace(0, 50, 1000);
  p = lsode("ec3up",p0,t);
```

```
  ut=sin(W*t);
  plot(t,ut,'-',t,p(:,3),':');
endfunction
```

───── 実行例 3.20 ─────
```
octave.exe:1> subplot(2,2,1)
octave.exe:2> ec3(1,0.5,1,0.5)
octave.exe:3> subplot(2,2,2)
octave.exe:4> ec3(1,0.5,1,1.0)
octave.exe:5> subplot(2,2,3)
octave.exe:6> ec3(1,0.5,1,2.0)
```

───── 実行例 3.21 ─────
```
octave.exe:7> subplot(2,2,4)
octave.exe:8> ec3(0.6,0.5,1,3.0)
```

3.4 シミュレーションの方法(微分方程式の数値解法)

マス・ばね・ダンパシステム,RC 回路システム,RLC 回路システムで導出したモデルはそれぞれ

マス・ばね・ダンパシステム　　$M = K = 1.0,\ L = 0.3$ のとき

$$\begin{bmatrix} \dot{x}_1(t) \\ \dot{x}_2(t) \end{bmatrix} = \begin{bmatrix} 0 & 1 \\ -1.0 & -0.3 \end{bmatrix} \begin{bmatrix} x_1(t) \\ x_2(t) \end{bmatrix} + \begin{bmatrix} 0 \\ 1.0 \end{bmatrix} u(t)$$

RC 回路システム　　$R = C = 1.0$ のとき

$$\dot{x}(t) = x(t) + u(t)$$

RLC 回路システム　　$R = 1.0,\ L = 2.0,\ C_1 = 1.0,\ C_2 = 0.5$ のとき

$$\begin{bmatrix} \dot{x}_1(t) \\ \dot{x}_2(t) \\ \dot{x}_3(t) \end{bmatrix} = \begin{bmatrix} -1.0 & 0 & -1.0 \\ 0 & 0 & 2.0 \\ 0.5 & -0.5 & 0 \end{bmatrix} \begin{bmatrix} x_1(t) \\ x_2(t) \\ x_3(t) \end{bmatrix} + \begin{bmatrix} 1.0 \\ 0 \\ 0 \end{bmatrix} u(t)$$

であり,モデル導出後は実システムの構成とは独立して,1階非同次微分方程式

108   3. 連続システムのモデリングとシミュレーション

で表される。このため同じシミュレーションの方法が共通に利用できる。言い換えれば，修得したシミュレーションの方法は，さまざまなシステムのシミュレーションに適用可能になる。

前節では微分方程式の数値解を求めるために Octave の関数 lsode を利用した。シミュレーションプログラムの設計者が，モデルに適した数値解法を選定したり，独自の修正を加えたりする場合には，数値解法の仕組みを理解しておくことが重要になる。本節では数値解法としてよく利用されるオイラー法（Eular method）とルンゲ・クッタ法（Runge-Kutta method）について解説する。

3.4.1 オイラー法

ある時刻 t から微小な刻み幅（サンプリング時間またはサンプリング周期ともいう）Δt だけ時間がたった後の関数値 $f(t+\Delta t)$ を逐次求めていく。時刻 t における関数 $f(t)$ の接線 (傾き $\dfrac{df(t)}{dt}$) を使って

$$\delta = \frac{df(t)}{dt}\Delta t$$

で $f(t+\Delta t) - f(t)$ を近似する（図 3.22）と，つぎのようになる。

$$f(t+\Delta t) \approx f(t) + \frac{df(t)}{dt}\Delta t$$

この後，時刻 $t+\Delta t$ 以降で同様の手順を繰り返していく。

このとき，$f(t)+\dfrac{df(t)}{dt}\Delta t$ がつぎの近似計算における開始点になるため，順次誤差が蓄積する場合がある。図 3.23 では $(t+\Delta t)\sim(t+2\Delta t)$ の近似に対し，$t+\Delta t$ の近似誤差が蓄積している。Δt を十分小さく設定すると誤差を小さくできるが，$f(t)$ の変動量が未知であるため，Δt の設定が難しい。

例 3.14　$f(0.0)=2.0,\ \dfrac{d}{dt}f(t)=2e^{2t},\ \Delta t=0.1$ とする。オイラー法で $f(0.2)$ を近似してみよう。

題意より，$\dfrac{d}{dt}f(0.0)=2.0$ だから

$$f(0.1) \fallingdotseq f(0.0) + \frac{df(0.0)}{dt}\Delta t = 2.0 + 2.0 \times 0.1 = 2.2 \stackrel{\text{def}}{=} \bar{f}(0.1)$$

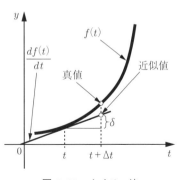
図 3.22 オイラー法

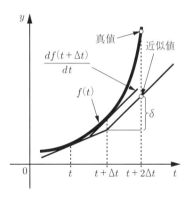
図 3.23 オイラー法の誤差

同様に $\dfrac{d}{dt}f(0.1) = 2.0e^{0.2}$ だから

$$f(0.2) \fallingdotseq \bar{f}(0.1) + \dfrac{d}{dt}f(0.1)\Delta t = 2.2 + 0.2e^{0.2} \stackrel{\text{def}}{=} \bar{f}(0.2)$$

となる。$e^{0.2} \fallingdotseq 1.22$ とすると、$\bar{f}(0.2) \fallingdotseq 2.444$ である。

解析解を求めると

$$f(t) = e^{2t} + \mathrm{C}(\mathrm{C}\text{ は積分定数})$$

であり、$f(0.0) = 2.0$ より $\mathrm{C} = 1.0$。つまり

$$f(t) = e^{2t} + 1.0$$

となる。よって

$$f(0.2) = e^{0.4} + 1.0$$

が真値であることがわかる。いま、$e^{0.4} \fallingdotseq 1.492$ とすると、真値とオイラー法による近似値の誤差は約 0.048 である。

練習 $f(0.0) = 2.0, \dfrac{d}{dt}f(t) = 2e^{2t}, \Delta t = 1.0$ とする。オイラー法で $t = 2.0$ のときの $f(t)$ を近似し、$f(2.0)$（真値）に対する誤差を求めよ。ただし、$e^{4.0} \fallingdotseq 54.60, e^{2.0} \fallingdotseq 7.39$ とせよ。

110   3. 連続システムのモデリングとシミュレーション

■ **動的モデルに対するオイラー法**　モデルの状態方程式がつぎの形で得られていることを前提とする。

$$\frac{dx(t)}{dt} = g(t,x) \tag{3.35}$$

近似対象が 2 階以上の線形微分方程式で表現されている場合には，3.2.3 項の方法で，1 階線形連立微分方程式に変換して式 (3.35) の形を得る。

式 (3.35) の形の微分方程式に対して，オイラー法を用いて $x(t)$ の数値解を求める場合，次式で逐次計算を行う。

$$x(t+\Delta t) = x(t) + g(t,x)\Delta t$$

この際，Δt の値は，必要な近似精度と，許容される計算量からあらかじめ適切な値を定めておく。

例 3.15　微分方程式 $\dfrac{dx(t)}{dt} = -x+1$，初期条件 $x(0)=0$ のとき，両辺 $1-x$ で割って変数分離形に書き直すと

$$\frac{1}{1-x}dx = 1dt$$

となる。両辺積分すると

$$-\log|1-x| = t+c$$

であり，初期条件から $c=0$。すなわち

$$x = -e^{-t}+1$$

となり，真値（解析解）が得られる。

オイラー法によって上記対象の数値解を求めるための Octave プログラムを以下に示す。また，実行結果として得られるグラフを図 **3.24** に示す。図では，サンプリング周期が大きい ($\Delta t = 0.5$) ため，線分を接続して近似が行われていることがわかる。また，$0 \leqq t \leqq 2$ 付近で誤差が拡大していく様子が見てとれる。

3.4 シミュレーションの方法（微分方程式の数値解法）

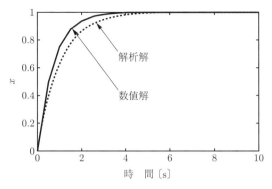

図 **3.24** オイラー法と真値の比較

―― プログラム **3-17** (eular.m) ――

```
dt = 0.5; % サンプリング周期
d_x = 0; % 状態変数の初期値
x = [0]; % シミュレーション結果格納用変数の初期化
time =[0]; % シミュレーション時刻格納用変数の初期化

for t = 0 : dt : 10 % 時刻 t は 0 から 10 まで dt 刻み
    d_x1 = d_x + ( - d_x  + 1) * dt ; % オイラー法の近似計算
    x = [x d_x]; % x の末尾に x_k を追加
    time = [time t]; % time の末尾に t を追加
    d_x = d_x1; % 次回の計算のため保存
endfor

tm=linspace(0,10,1000); %真値計算用時刻
grid on;
axis([0 10 0 1.5]);
plot(time, x, tm, 1-exp(-tm)); %1-exp(-tm) が真値, x が近似値
```

練習 サンプリング周期の値とオイラー法の結果（精度）との関係を確認せよ（上記オイラー法のシミュレーションにおいて dt の設定を $dt = 0.2$ などに変更してみよ）。

3.4.2 ルンゲ・クッタ法

オイラー法が 1 点における微係数のみを利用した逐次計算によって，微分方

程式の数値解を計算しているのに対し，ルンゲ・クッタ法は複数点における微係数の値を利用して逐次計算を行う．

（1）2次のルンゲ・クッタ法 t における微係数と $t+\Delta t$ における微係数の平均値を対象区間における線分の傾きに設定する．そして，ある時刻 t から微小な刻み幅 Δt だけ時間がたった後の関数値 $f(t+\Delta t)$ を逐次求めていく．

時刻 t における関数 $f(t)$ の微係数 $\dfrac{df(t)}{dt}$ と，時刻 $t+\Delta t$ における関数 $f(t)$ の微係数 $\dfrac{df(t+\Delta t)}{dt}$ を使って

$$\delta = \underbrace{\left\{\frac{1}{2}\left(\frac{df(t)}{dt} + \frac{df(t+\Delta t)}{dt}\right)\right\}}_{2\text{接線の傾きの平均値}}\Delta t$$

で $f(t+\Delta t) - f(t)$ を近似すると，つぎのようになる．

$$f(t+\Delta t) \approx f(t) + \frac{1}{2}\left(\frac{df(t)}{dt} + \frac{df(t+\Delta t)}{dt}\right)\Delta t$$

ところで，$f(t+\Delta t)$ が未知だから，$\dfrac{df(t+\Delta t)}{dt}$ は入手困難である．そこで，$\dfrac{d}{dt}\left(f(t) + \dfrac{df(t)}{dt}\Delta t\right)$ で代用して

$$f(t+\Delta t) \approx f(t) + \frac{1}{2}\left\{\frac{df(t)}{dt} + \frac{d}{dt}\left(f(t) + \frac{df(t)}{dt}\Delta t\right)\right\}\Delta t$$

とする．この後，時刻 $t+\Delta t$ 以降で同様の手順を繰り返していく（図 **3.25**）．

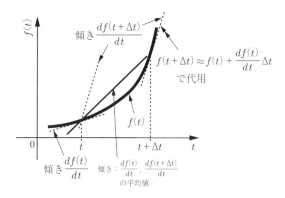

図 **3.25**　2次のルンゲ・クッタ法

3.4 シミュレーションの方法（微分方程式の数値解法）

（2） 動的モデルに対する2次のルンゲ・クッタ法　オイラー法と同様に，モデルの状態方程式がつぎの形で得られていることを前提とする。

$$\text{モデル (状態方程式)} : \frac{dx(t)}{dt} = g(t,x)$$

近似対象が2階以上の線形微分方程式で表現されている場合には，3.2.3項の方法で，1階線形連立微分方程式に変換する。具体例としては例3.6を参考にするとよい。

式 (3.35) の形の微分方程式に対して，2次のルンゲ・クッタ法を用いて $x(t)$ の数値解を求める場合，次式で逐次計算を行う。

$$k_1 = g(t,x)\Delta t$$
$$k_2 = g\left(t + \frac{\Delta t}{2}, x + \frac{k_1}{2}\right)\Delta t$$
$$x(t+\Delta t) = x(t) + k_2$$

例3.15と同じ対象について，2次のルンゲ・クッタ法によって数値解を求めるためのOctaveプログラムを次ページに示す。また，実行結果として得られるグラフを図3.26に示す。図は，サンプリング周期 $\Delta t = 0.5$ に対して得られた結果であり，図3.24のシミュレーションと同じ設定に対して，近似精度が改善していることがわかる。

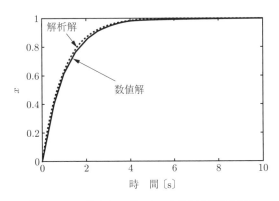

図3.26 2次のルンゲ・クッタ法と真値の比較

114　3. 連続システムのモデリングとシミュレーション

───── プログラム 3-18 (rk2d.m) ─────

```
% 2次のルンゲ・クッタ法によるシミュレーション
dt = 0.5; % サンプリングタイム
x_k = 0; % x の初期値
x = []; % シミュレーション結果格納用変数
time =[]; % シミュレーション時刻格納用変数

for t = 0 : dt : 10 % 時刻 t は 0 から 10 まで dt 刻み
    k1 = ( - x_k  + 1) * dt; % k1 の計算
    k2 = ( -(x_k + k1) + 1) * dt; % k2 の計算
    x_k1 = x_k + ( k1 + k2) / 2 ; % x_{k+1} の計算
    x = [x x_k]; % x の末尾に x_k を追加
    time = [time t]; % time の末尾に t を追加
    x_k = x_k1; % 次回の計算用に保存 (x_{k} ← x_{k+1})
endfor
tm=linspace(0,10,1000); %真値計算用時刻
axis([0 10 0 1.5]);
plot(time, x, tm, 1-exp(-tm));
```

練習　上記のプログラムにおいて刻み幅を 0.3 に変更した 2 次のルンゲ・クッタ法によるシミュレーションを行い，同じ刻み幅で行ったオイラー法の結果と誤差を比較せよ。

（3）4次のルンゲ・クッタ法　2次のルンゲ・クッタ法では2点の微係数の値を利用して逐次計算を行っていたが，4次のルンゲ・クッタ法では4点の微係数の値を利用する。

$$k_1 = \frac{df(t_k)}{dt}\Delta t \qquad \text{区間左端}$$
$$k_2 = \frac{d}{dt}\left(f(t) + \frac{k_1}{2}\right)\Delta t \qquad \text{第二点}$$
$$k_3 = \frac{d}{dt}\left(f(t) + \frac{k_2}{2}\right)\Delta t \qquad \text{第三点}$$
$$k_4 = \frac{d}{dt}\left(f(t) + k_3\right)\Delta t \qquad \text{第四点}$$

と $k_1 \sim k_4$ を定め

$$f(t+\Delta t) \approx f(t) + \frac{1}{6}(k_1 + 2k_2 + 2k_3 + k_4)$$

で近似する。

(4) 動的モデルに対する4次のルンゲ・クッタ法　　オイラー法，2次のルンゲ・クッタ法と同様に，モデルがつぎの形で得られていることを前提とする。

$$\frac{dx(t)}{dt} = g(t,x)$$

近似対象が2階以上の線形微分方程式で表現されている場合には，3.2.3項の方法で，1階線形連立微分方程式に変換する。

式 (3.35) の形でモデルが表現されているとき，4次のルンゲ・クッタ法による逐次計算はつぎのとおりである。

$$k_1 = g(t,x)\Delta t$$
$$k_2 = g\left(t + \frac{\Delta t}{2}, x + \frac{k_1}{2}\right)\Delta t$$
$$k_3 = g\left(t + \frac{\Delta t}{2}, x + \frac{k_2}{2}\right)\Delta t$$
$$k_4 = g(t + \Delta t, x + k_3)\Delta t$$
$$x(t + \Delta t) = x(t) + \frac{1}{6}(k_1 + 2k_2 + 2k_3 + k_4)$$

例 3.15 と同じ対象について，4次のルンゲ・クッタ法によって数値解を求めるための Octave プログラムを以下に示す。また，実行結果として得られるグラフを図 **3.27** に示す。図において数値解は，サンプリング周期 $\Delta t = 0.5$ に設定した場合の結果を示している。図 3.24, 図 3.26 と同じ設定に対して，近似精

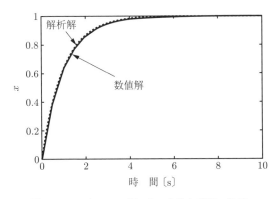

図 **3.27**　4次のルンゲ・クッタ法と真値の比較

度が改善していることがわかる。

―――――― プログラム 3-19 (rk4d.m) ――――――
```
% 4次のルンゲ・クッタ法によるシミュレーション
dt = 0.5; % 刻み幅
x_k = 0; % x の初期値
x = []; % シミュレーション結果格納用変数
time -[]; % シミュレーション時刻格納用変数

for t = 0 : dt : 10 % 時刻 t は 0 から 10 まで dt 刻み
    k1 = ( - x_k     + 1) * dt; % k1 の計算
    k2 = ( - (x_k + k1/2) + 1) * dt; % k2 の計算
    k3 = ( - (x_k + k2/2) + 1) * dt; % k2 の計算
    k4 = ( - (x_k + k3) + 1) * dt; % k2 の計算
    x_k1 = x_k + ( k1 + 2 * k2 + 2 * k3 + k4) / 6 ; % x_{k+1} の計算
    x = [x x_k]; % x の末尾に x_k を追加
    time = [time t]; % time の末尾に t を追加
    x_k = x_k1; % 次回の計算用に保存 (x_{k} ← x_{k+1})
endfor
tm=linspace(0,10,1000); %真値計算用時刻
axis([0 10 0 1.5]);
plot(time, x, tm, 1-exp(-tm));
```

練習 上記プログラムにおいて刻み幅を 0.3 とした 4 次のルンゲ・クッタ法によるシミュレーションを行い,同じ刻み幅で行った 2 次のルンゲ・クッタ法の結果と誤差を比較せよ。

章 末 問 題

【1】 プログラム 3-1 について,$K = 0.7\,\mathrm{kg}$ と変更した上で実行し,結果から,$t = 0, 5, 10, 15, 20, 25, 30, 35$ におけるマスの速度を記せ。

【2】 **問1** プログラム 3-1 において $u = \sin t$ とした場合に,**図 3.28** に類似の結果になる K, D の値はおよそいくらか。計算機シミュレーションによって求めよ。ただし当該プログラム中では,マスの位置情報は $p(:,1)$,速度情報は $p(:,2)$ に格納されている。また,$M = 1.0$ とする。

問2 問 1 の K, D の値を用いて,プログラム 3-1 のモデルに対する状態方程式を行列形式で記せ。必要であれば選択肢欄 A から解答を選択してよい。

章末問題 *117*

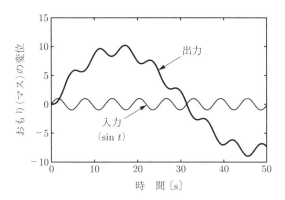

図 **3.28** シミュレーション結果

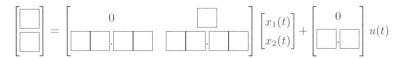

選択肢欄 A ⓪ M, ① $\dot{x}_1(t)$, ② $\dot{x}_2(t)$, ③ $u(t)$, ④ $x_1(t)$, ⑤ $x_2(t)$, ⑥ $y(t)$, ⑨ $\dot{y}(t)$

問 3 プログラム 3-1 を $M = 1.0, K = 0.01, D = 0.01$ の設定で実行し，結果から，$t = 0, 10, 20, 30, 40, 50$ におけるマスの位置を記せ．

【3】**問 1** 連立 1 次微分方程式

$$\begin{cases} \dot{x}_1(t) = x_2(t) \\ \dot{x}_2(t) = -1.0x_2(t) - 2.0x_1(t) + u(t) \end{cases}$$

を行列形式で表せ．

問 2 問 1 の答を状態方程式とする連続システムにおいて，$x_2(t)$ を出力する $(y(t) = x_2(t))$ モデルの出力方程式を行列形式で答えよ．

問 3 $\dfrac{d}{dt}f(t) = 2e^{2t}$, $f(0.0) = 2.0$, $\Delta t = 0.1$ とする．$f(0.1)$ をオイラー法で近似せよ．

題意の微分方程式の解析解において，$e^{0.2} = 1.22$ として $f(0.1)$ の真値を求めよ．このとき，オイラー法による近似誤差 $|d|$ を求めよ．

【4】**問 1** 連立 1 次微分方程式

$$\begin{cases} \dot{x}_1(t) = x_2(t) \\ \dot{x}_2(t) = 2.0x_2(t) - 3.5x_1(t) + u(t) \end{cases}$$

118   3. 連続システムのモデリングとシミュレーション

が状態方程式であるような連続システムにおいて，$x_1 + 2x_2(t)$ を出力する ($y(t) = x_1(t) + 2x_2(t)$) モデルのシステム方程式を行列形式で答えよ。

問2 例 3.14 において，$f(0.3)$ をオイラー法で近似せよ。$e^{0.4} = 1.49$ としてよい。また，$e^{0.6} = 1.822$ として $f(0.3)$ の真値を求めよ。そして，オイラー法による近似誤差 $|d_1|$ を求めよ。

問3 $\dfrac{dx(t)}{dt} = -x(t) + 0.5$, $x(0) = 0$, $\Delta t = 0.5$ のとき $x(1.0)$ をオイラー法で近似せよ。またこのとき，$e^{-1} = 0.37$ として，近似誤差 $|d_2|$ を求めよ。

【5】問1 例 3.14 において，$f(0.5)$ をオイラー法で近似せよ。$e^{0.4} = 1.49$ としてよい。また，$e^{0.6} = 1.822$ として $f(0.5)$ の真値を求めよ。このとき，オイラー法による近似誤差 $|d_1|$ を求めよ。

問2 $\dfrac{d}{dt}x(t) = -x(t) + 0.5$, $x(0) = 0$, $\Delta t = 0.5$ のとき $x(1.0)$ を 2 次のルンゲ・クッタ法で近似せよ。また，$e^{-1} = 0.37$ として，近似誤差 $|d_2|$ を求めよ。

問3 問2の微分方程式に

    3 解法：① $\Delta t = 0.5$ のルンゲ・クッタ法，② $\Delta t = 0.5$ のオイラー法と③ $\Delta t = 0.1$ のオイラー法

を適用した場合，$x(1.0)$ の近似精度が高い順に解法を並べると

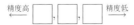

となる。

問4 ある微分方程式の数値解を求める Octave プログラムを次ページに示す。以下の (1)〜(4) に答えよ。

(1) 近似値の計算が記述されている 1 行を選択して行番号を答えよ。

(2) 近似対象の微分方程式を選択肢欄 B から選んで記せ。

(3) 用いている近似手法の名称を選択肢欄 B から選んで記せ。

(4) 近似手法を変えずに，結果の近似精度を改善したい。プログラムの修正箇所と修正内容を答えよ。修正箇所は行番号を，修正内容は選択肢から選んで下の空欄を埋めよ。

    □□ 行目の □ を □ する。

```
01 : d_t = 0.6;
02 : d_x = 0;
03 : x = [0];
04 : time =[0];
05 : for t = 0 : d_t : 10
06 :     d_{x1} = d_x + ( -3d_x + 2) * d_t ;
07 :     x = [x d_x];
08 :     time = [time t];
09 :     d_x = d_{x1};
10 : endfor
11 : plot(time, x, time, 2/3-exp(-3time)/3);
```

選択肢欄 B　⓪ 4次のルンゲ・クッタ法，① 大きく，② 小さく，③ $\dfrac{df}{dx} = x + (-3x + 2)\Delta t$，④ 反復回数，⑤ 刻み幅，⑥ 2次のルンゲ・クッタ法，⑦ オイラー法，⑧ $\dfrac{df}{dx} = -3x + 2$，⑨ $\dfrac{df}{dx} = \dfrac{1}{3}\left(2 - e^{-3x}\right)$

【6】**問1** $\dfrac{d}{dt}x(t) = -x(t) + 0.5$, $x(0) = 0$, $\Delta t = 0.5$ のとき $x(1.0)$ を 2 次のルンゲ・クッタ法で近似せよ．また，$e^{-1} = 0.37$ として，近似誤差 $|d_3|$ を求めよ．

問2 問 1 の微分方程式に

　　　　3 解法：① $\Delta t = 0.5$ の 4 次のルンゲ・クッタ法，② $\Delta t = 0.1$ のオイラー法と③ $\Delta t = 0.1$ の 2 次のルンゲ・クッタ法

を適用した場合，$x(1.0)$ の近似精度が高い順に解法を並べると

となる．シミュレーションプログラムの実行結果から判定せよ．

問3 ある微分方程式の数値解を求め，数値解と真値を図示するプログラムを下に示す．以下の (1)～(4) に答えよ．
(1) プログラムで用いている近似手法の名称を選択肢欄 C から選べ．
(2) 近似対象の微分方程式を下の選択肢欄 C から選べ
(3) 近似対象の初期値 $x(0)$ を答えよ．
(4) 刻み幅を調整するためには何行目を変更すればよいか行番号を答えよ．

(5) 下のプログラムの 14 行目に d_{x1} を書き加えると最後に計算した d_{x1} の値を表示させることができる。この変更を実施した後, $x(120)$ の値 ($t = 120$ のときの d_{x1} の値) を調べるためには何行目を変更すればよいか。

```
01 : d_t = 0.5;
02 : d_x = 0;
03 : x = [0];
04 : time =[0];
05 : for t = 0 : d_t : 10
06 :     k_1 = ( - d_x + 1 ) * d_t;
07 :     k_2 = ( - (d_x + k_1) + 1 ) * d_t;
08 :     d_{x1} = d_x + ( k_1 + k_2 ) / 2 ;
09 :     x = [x d_{x1}];
10 :     time = [time t];
11 :     d_x = d_{x1};
12 : endfor
13 : plot(time, x, time, 1 - exp(-time));
```

選択肢欄 C ⓪ 修正オイラー法, ① オイラー法, ② 4 次のルンゲ・クッタ法, ③ 2 次のルンゲ・クッタ法, ④ $\dot{x}(t) = 1 - e^{-1}$, ⑤ $\dot{x}(t) = -x(t) + 1$, ⑥ $\dot{x}(t) = 0$, ⑦ $\ddot{x}(t) = x(t) + 2t$, ⑧ $\dot{x}(t) = \log|-x(t)+1|$, ⑨ $\dot{x}(t) = \cos x(t)$

4 離散システムのモデリングとシミュレーション

4.1 離散システム

離散システムの振舞いを記述する場合,ある定まった間隔で指定した時刻に対し,システムの状況を表す計測値を割り当てる.この計測値を状態変数としてまとめ,時系列で並べるとシステムの振舞いを表すことができる.この際,指定した時刻の状態変数値のみを用いてシステムを記述するため,時刻,状態変数ともに「飛び飛びの値」を取る.

離散システムのモデルには,実システムの振舞いが連続的な連続変化近似モデルと実システムの振舞いも離散的な離散変化モデルがある.さらに,離散変化モデルは確定モデルと,確率モデルに分類される.本章で扱うのは確率モデルである.連続変化近似モデルや確定モデルについては例えば,ディジタル信号処理,ディジタル制御などの分野の書物を参照されたい.

4.2 確率モデル

確率モデルは振舞いに**不確実性**を含み,システムの状態が同じであっても,得られる結果が同じとは限らず,取り得る結果に複数の候補がある.そして,各候補(結果)の出現確率が定まっている.あるいは同じ状態に対して同じ操作を多数行ったときに,得られた各結果の比率が定まっている.この比率は確率分布によって与えられ,直接的には確率変数と対応付けられている.さらに,確

率変数と状態変数の関係によって多くのモデルが存在する。実システムに対して，適したモデルを選択し，必要なデータを効率よく入手するために，モデリングでは以下のことに注意する必要がある。

1. シミュレーションの範囲を確定する。

    対象システムと外部環境を切り分ける（どこまで対象システムに含めてモデルを設計するか）ためにつぎの項目を考慮する。

    - シミュレーションの目的
    - システムと外部環境との相互作用
    - 実システムにおける入出力の形態
    - 解析結果について要求される精度
    - モデルの拡張性

2. モデルとして扱う対象物を確定する。

    外部環境とモデルとの相互作用を明確にするためにつぎの項目を考慮する。

    - モデルの入力として扱う対象
    - 観測すべき対象（出力として扱う対象）
    - システムの動作を決定付ける要素（システムの状態を決定する要素）
    - 入力・出力・状態に設定した各要素の性質

3. モデルを構成する要素を確定する。

    確定的要素，確率的要素，推論要素，モデルに含めない要素を切り分ける。

    確定的要素　　周辺環境とモデルの動作が決まれば，得られる結果が1通りに定まる。

    例）ディジタル信号処理，論理回路，固定型多関節ロボットの姿勢，将棋の駒の配置

    確率的要素　　振舞いに不確実性を含む。

    同一環境下で，同じ動作を行っても，同じ結果が得られるとは限らない（同じ結果が得られる確率は一意に定まる）。

推論要素 振舞いに確率的動作選択（意志決定）を含む。
4. モデルにおける処理の流れを確定する。
   入力から出力に至る際に対象物に加えられる処理の内容・順序を考慮する。
5. 総合的調整
   シミュレーションの結果が現実と乖離(かいり)していないかを検討する。

4.3 待ち行列によるシステム解析

本節では確率システムの類推モデルとして広く利用されている，待ち行列を例にモデリングとシステム解析の方法を紹介する。

待ち行列理論は20世紀初頭から研究が行われており，通信回線，各種サービス窓口，生産・在庫管理，計算機システムなど，多くの分野において待ち行列理論を用いたシステム解析が進められてきた。興味の対象となる離散システムが待ち行列としてモデリングできれば，理論に基づいた結果が利用・応用できるため，解析が容易になる。

4.3.1 待ち行列モデル
以下に，待ち行列に対するモデリングに必要な項目を列挙する。
1. **待ち行列の構成要素**
   (a) 顧客
   (b) サービス窓口
   (c) 顧客がサービスを受ける順番を待つために並ぶ**待機用行列**
2. **確率的要素** 顧客の到着形態，サービスの実施形態
   (a) いつ，顧客が待機用行列の最後尾に加わるのか。
   (b) 各顧客に対するサービスの長さはいくらか。
   (c) 各顧客の待ち時間，各時刻の待機用行列の長さはいくらか。
3. **待ち行列システムの流れ**
   (a) システム外部から顧客が**到着**。

(b) 顧客は到着順に待機用行列の最後尾に並ぶ。

(c) 顧客はサービス窓口を利用し，サービスを受ける。

(d) サービス終了後，顧客はシステム外部へ出て行く（退出）。

4. **システムの入力** サービス対象である「顧客の到着がシステムの入力」となる。各顧客がいつ到着するかは不確実性を持つため，**確率モデル**が必要になる。

また，入力の性質を決定する項目として，平均到着間隔，平均到着率，確率分布がある。各項目の説明を以下に記す。

平均到着間隔 到着間隔を隣接する到着時刻の間隔と定義する。また，各標本（顧客）が独立，同一確率分布に属することを前提とする。標本の独立とは，異なる2標本（顧客）が無相関（互いに影響しない）ことを表す。このとき，T_p：経過時間，N_a：T_p の間の到着標本数（顧客数）とすると平均到着間隔は

$$\frac{T_p}{N_a}$$

である。

到着率 λ を単位時間当りの到着標本数（到着率）と定義する。つまり

$$\lambda = \frac{N_a}{T_p}$$

である。また

$$(到着率) = \frac{1}{(平均到着間隔)}$$

の関係がある。

到着の形態 不確実性を考慮するために適切な**確率分布**を設定する必要がある。おもな確率分布に従う到着モデルを以下に挙げる。

ポアソン到着（ポアソン分布）

ランダム到着　（一様分布）

アーラン到着　（アーラン分布）

等間隔到着　等間隔で必ず到着

ベルヌイ到着　等間隔で一定確率の到着

集団到着　複数標本が同時到着

予定到着　定時（既知）に到着

5. **システムのサービス**　入力（顧客）に対する窓口における処理を表す。

サービス時間の平均　1顧客またはグループがサービス窓口を占有する時間を表す。

T_s をサービスに要した時間，N_s を T_s の間に処理した顧客またはグループ数とすると，平均サービス時間は

$$\frac{T_s}{N_s}$$

である。

サービス率　μ を窓口において単位時間当りに処理される顧客数と定義する。このとき

$$\mu = \frac{N_s}{T_s}$$

である。また

$$(サービス率) = \frac{1}{(平均サービス時間)}$$

の関係がある。

サービスの形態　到着形態同様，不確実性を考慮するために適切な確率分布を設定する必要がある。おもな確率分布に従うサービスモデルを以下に挙げる。

指数サービス（指数分布）

アーランサービス（アーラン分布）
一定サービス（確定的）
グループ対象サービス　　一定のまとまった数を処理
条件付きグループ対象サービス　　条件を満たした場合に処理
無制限グループ対象サービス　　一括処理可能な数に制限なし

4.3.2　待ち行列の形態

前項に挙げた要素を用いて構成する待ち行列には，窓口数，行列数の組合せによって，以下のとおり複数の種類が存在する。

$$\begin{cases} 1\text{列の待ち行列数} \begin{cases} 1\text{個のサービス窓口} \\ \text{複数個のサービス窓口} \end{cases} \\ \text{複数列の待ち行列} \begin{cases} 1\text{個のサービス窓口} \\ \text{複数個のサービス窓口} \end{cases} \end{cases}$$

また，運用ルールなどによっても異なる性質を持った待ち行列が生じる。これらは目的達成のために，適切なルールを選択的にモデルに組み入れることになる。おもな待ち行列の運用ルールを以下にまとめる。

サービス実施以前

　妨害　　待ち行列に入れない場合，到着直後にシステム外部へ退出

　待ち数制限　　待ち行列に入ることができる最大数による制約

　待ち時間制限　　サービスを受けるまでに待つことができる時間の最大値による制約

　途中離脱　　待ち行列中で待ち時間制限を超えた場合，システム外部へ退出

　鞍替え　　他の待ち行列の最後尾へ並び直し

サービス実施時

　　先入れ先出し　　到着順に処理実施

　　後入れ先出し　　最も遅く到着したものから処理実施

　　優先選択　　優先順位の高いものから処理実施

　　無作為選択　　到着順に無関係，ランダムな順序で処理実施

最大受入数　　システム容量とも呼ばれる。

　　サービス時間帯に受入可能な顧客数の最大値（処理可能総数）

　　または

　　同時刻にシステム内に存在する顧客数の最大値（瞬間最大）

4.3.3　ケンドール記号

待ち行列モデルは**到着モデル**（確率分布），**サービスモデル**（確率分布），窓口数，システム容量，運用ルールの組合せで定まり，この組合せを簡潔に標記するために，ケンドール記法がよく用いられる。

ケンドール記法は

$$(到着形態)/(サービス形態)/(窓口数)/(システム容量)$$

の形を取り，各構成要素を**表 4.1**に示す記号で表記する。

表 4.1　ケンドール記法に用いる記号

記号	確率分布	備考
M	指数分布	ポアソン到着，ランダム到着，指数サービス
M^x	指数分布	x 個ずつの集団到着
D	単位分布	等間隔到着，一定サービス時間
E	アーラン分布	アーラン分布に従う到着間隔，サービス時間
G	一般分布	到着間隔を問わず

例）$M/M/3/\infty$：ポアソン到着，指数サービス，窓口数 3，システム容量無限

　　　$M/D/1/N$：ポアソン到着，一定サービス，窓口数 1，システム内部に N まで顧客を受入可能

4.3.4 システム解析

待ち行列について,システム解析を行う場合,評価の指標としてつぎの項目が用いられる。

システム入力:到着率 λ,平均サービス率 μ,窓口数 s

として

利用率 ρ:窓口が利用されている割合

$$\rho = \frac{\lambda}{s\mu}$$

平均待ち数 L_q:サービス実施待ち顧客数の平均値

平均待ち時間 W_q:客などの到着からサービスを受けるまでの平均待ち時間

平均滞在数 L:システム内部に存在する顧客数の平均値

平均滞在時間 W:(到着) + (待ち) + (サービス実施) + (退出) の処理済顧客数に対する平均値

また,つぎの3式は複数の種類の待ち行列に共通して現れ,リトルの公式と呼ばれる。

$$\left.\begin{aligned} L &= L_q + \frac{\lambda}{\mu} \\ W_q &= \frac{L_q}{\lambda} \\ W &= \frac{L}{\lambda} \end{aligned}\right\} \text{リトルの公式}$$

リトルの公式は,L_q, W_q, L, W のいずれか1個が導出できれば,他はすべて求まる形を持つ。ただし,行列長・システム容量に制限がない場合に限り成立する。

待ち行列の基本形と呼ばれるつぎの5モデルについて,順に解析結果を紹介しよう。

1. $M/M/1/\infty$
2. $M/M/1/1$
3. $M/M/1/N$

4. $M/D/1/\infty$
5. $M/M/s/\infty$

ただし，P_0, P_n については，1.～5. に共通して以下のとおりに定義される。

P_0：システム内部に存在する（サービス中を含む）顧客数が 0 である確率（窓口が 1 個のときは，待たずにサービスが受けられる確率）

P_n：システムの内部（サービス中を含む）に存在する顧客数が n 人である確率

1. $M/M/1/\infty$ の場合
   （ポアソン到着，指数サービス，窓口数 1，行列長無制限）

$$P_0 = 1 - \rho$$
$$P_n = \rho^n P_0 = \rho^n (1 - \rho)$$
$$L_q = \frac{\rho^2}{1-\rho}$$
$$L = \frac{\rho}{1-\rho}$$
$$\left. \begin{array}{l} W_q = \dfrac{L_q}{\lambda} = \dfrac{\lambda}{\mu(\mu-\lambda)} \\[2ex] W = \dfrac{L}{\lambda} = \dfrac{1}{\mu-\lambda} \end{array} \right\} \text{リトルの公式に同じ}$$

証明 システムが定常状態の（$P_n(t) = P_n(t+1)$：システム内の顧客数が n である確率が定数に収束している）とき，システムへの到着とシステムからの退出が等しい。

つまり

● $n > 0$ のとき

(時刻 t にシステム内に n 人，時刻 $t+1$ に 1 人到着)

   + (時刻 t にシステム内に n 人，時刻 $t+1$ に 1 人退出)

= (時刻 t にシステム内に $n+1$ 人，時刻 $t+1$ に 1 人退出)

   + (時刻 t システム内に $n-1$ 人，時刻 $t+1$ に 1 人到着)

が成り立つから

$$\lambda P_n + \mu P_n = \lambda P_{n-1} + \mu P_{n+1}$$
$$\Leftrightarrow \mu(P_{n+1} - P_n) = \lambda(P_n - P_{n-1})$$
$$\therefore P_{n+1} - P_n = \frac{\lambda}{\mu}(P_n - P_{n-1})$$
$$= \left(\frac{\lambda}{\mu}\right)^2 (P_{n-1} - P_{n-2})$$
$$= \cdots = \left(\frac{\lambda}{\mu}\right)^n (P_1 - P_0) \qquad (4.1)$$

● $n=0$ のとき

(時刻 t にシステム内に 0 人,時刻 $t+1$ に 1 人到着)
$=$ (時刻 t にシステム内に 1 人,時刻 $t+1$ に 1 人退出)

が成り立つから

$$\lambda P_0 = \mu P_1$$
$$\therefore P_1 = \frac{\lambda}{\mu} P_0$$

これを式 (4.1) に代入すると

$$P_{n+1} - P_n = \left(\frac{\lambda}{\mu}\right)^n \left(\frac{\lambda}{\mu} - 1\right) P_0$$
$$\Leftrightarrow P_{n+1} = P_n + \left(\frac{\lambda}{\mu}\right)^n \left(\frac{\lambda}{\mu} - 1\right) P_0$$
$$= P_0 + \sum_{k=0}^{n} \left\{ \left(\frac{\lambda}{\mu}\right)^{k+1} - \left(\frac{\lambda}{\mu}\right)^k \right\} P_0$$
$$= P_0 + \left\{ \left(\frac{\lambda}{\mu}\right)^{n+1} - 1 \right\} P_0$$
$$= \left(\frac{\lambda}{\mu}\right)^{n+1} P_0$$
$$= \rho^{n+1} P_0, \quad \rho = \frac{\lambda}{\mu} \qquad (4.2)$$

○ここで，$P_0 + P_1 + \cdots + P_n + \cdots = 1$ に注意すると
（確率の公理）

$$P_0 + P_1 + \cdots + P_n + \cdots = (1 + \rho + \rho^2 + \cdots + \rho^n + \cdots)P_0 = 1$$

と書ける。$1 + \rho + \rho^2 + \cdots + \rho^n + \cdots = \xi$ と置くと

$$\xi = 1 + \rho\xi \Leftrightarrow \xi = \frac{1}{1-\rho}$$

だから

$$P_0 = 1 - \rho \tag{4.3}$$

$$P_n = \rho^n P_0 = \rho^n(1-\rho) \tag{4.4}$$

○システム内部に存在する顧客数の平均値（期待値）L は

$$L = 1 \cdot P_1 + 2 \cdot P_2 + \cdots + nP_n + \cdots$$
$$= (\rho + 2\rho + \cdots n\rho^n + \cdots)(1-\rho)$$
$$= \rho + \rho^2 + \cdots + \rho^n + \cdots$$
$$L - \rho L = \rho$$
$$\therefore L = \frac{\rho}{1-\rho} \tag{4.5}$$

○行列長の平均値（期待値）L_q は

(行列長) = (システム内の顧客数) − (サービス中の顧客数)

に注意すると

$$L_q = 1P_2 + 2P_3 + \cdots + (n-1)P_n + \cdots$$
$$= (1\rho^2 + 2\rho^3 + \cdots + (n-1)\rho^n)(1-\rho) + \cdots$$
$$= \rho^2 + \rho^3 + \cdots + \rho^n + \cdots$$
$$= L\rho \tag{4.6}$$
$$= \frac{\rho^2}{1-\rho} \tag{4.7}$$

○さらに

$$(\text{平均待ち時間 } W_q) = (\text{平均行列長 } L_q) \times \left(\text{平均到着間隔 } \frac{1}{\lambda}\right)$$

に注意すると

$$W_q = \frac{\rho^2}{1-\rho}\frac{1}{\lambda} \tag{4.8}$$
$$= \frac{(\lambda/\mu)^2}{1-(\lambda/\mu)}\frac{1}{\lambda}$$
$$= \frac{\lambda^2}{\mu(\mu-\lambda)}\frac{1}{\lambda}$$
$$= \frac{\lambda}{\mu(\mu-\lambda)} \tag{4.9}$$

○最後に

$$(\text{平均滞在時間 } W) = (\text{平均待ち時間 } W_q) + \left(\text{平均サービス時間 } \frac{1}{\mu}\right)$$

に注意して

$$W = W_q + \frac{1}{\mu}$$
$$= \frac{\lambda}{\mu(\mu-\lambda)} + \frac{\mu-\lambda}{\mu(\mu-\lambda)}$$
$$= \frac{\mu}{\mu(\mu-\lambda)}$$
$$= \frac{1}{\mu-\lambda} \tag{4.10}$$

である。

2. $M/M/1/1$ の場合

(ポアソン到着，指数サービス，窓口数 1，システム容量 1)

システム容量 1 だから

$$P_0 + P_1 = 1 \tag{4.11}$$

$$\lambda P_0 = \mu P_1$$

$$\therefore\ P_1 = \rho P_0 \tag{4.12}$$

式 (4.11), (4.12) より

$$P_0 = \frac{1}{1-\rho}$$
$$P_1 = \frac{\rho}{1-\rho}$$

W_q：存在しない，L_q：存在しない

$$L = P_1 = \frac{\rho}{1-\rho},\ W = \frac{1}{\mu}$$

3. $M/M/1/N$ の場合

   (ポアソン到着，指数サービス，窓口数 1，最大行列長 N)

   $$\left.\begin{aligned}L &= \rho\frac{1-(N+1)\rho^N + N\rho^{N+1}}{(1-\rho)(1-\rho^{N+1})}\\ L_q &= \rho^2\frac{1-N\rho^{N-1}+(N-1)\rho^N}{(1-\rho)(1-\rho^{N+1})}\end{aligned}\right\}\text{リトルの公式が成立しない}$$

   証明 システムが定常状態の（$P_n(t) = P_n(t+1)$：システム内の顧客数が n である確率が定数に収束している）とき，システムへの到着とシステムからの退出が等しいから

   $$\lambda P_n + \mu P_n = \lambda P_{n-1} + \mu P_{n+1}$$
   $$\Leftrightarrow \mu(P_{n+1} - P_n)$$
   $$= \lambda(P_n - P_{n-1})$$
   $$\therefore\ P_{n+1} - P_n = \frac{\lambda}{\mu}(P_n - P_{n-1})$$
   $$= \left(\frac{\lambda}{\mu}\right)^2 (P_{n-1} - P_{n-2})$$
   $$= \cdots = \left(\frac{\lambda}{\mu}\right)^n (P_1 - P_0)$$
   $$= \rho^n(P_1 - P_0),\quad (0 < n < N)$$

となる．よって，$M/M/1/\infty$ 同様 $P_n = \rho^n P_0$
また，$\lambda P_0 = \mu P_1$

$$\therefore P_1 = \rho P_0, \ (n=0)$$

同様に，$\lambda P_{N-1} = \mu P_N$

$$\therefore P_N = \rho P_{N-1} \ (n=N)$$

ここで，$P_0 + P_1 + \cdots + P_N = (1 + \rho + \cdots + \rho^N)P_0 = 1$ 確率の公理
に注意して，$1 + \rho + \rho^2 + \cdots + \rho^N = \xi$ と置くと

$$\xi = 1 + \rho\xi - \rho^{N+1} \Leftrightarrow \xi = \frac{1-\rho^{N+1}}{1-\rho}$$

だから

$$P_0 = \frac{1}{\xi} = \frac{1-\rho}{1-\rho^{N+1}}$$
$$P_N = \rho^N P_0 = \rho^N \frac{1-\rho}{1-\rho^{N+1}}$$

となる。システム内部に存在する顧客数の平均値 $L = 1 \cdot P_1 + \cdots + N \cdot P_N = (1 \cdot \rho + 2\rho^2 + \cdots + N\rho^N)P_0$

つまり

$$L = \frac{1 + \cdots + \rho^{N-1} - N\rho^N}{1-\rho^{N+1}} \rho$$

だから

$$(1-\rho)L = \frac{1 - (N+1)\rho^N + N\rho^{N+1}}{1-\rho^{N+1}}\rho$$
$$= \rho - \frac{(1-\rho)N\rho^{N+1}}{1-\rho^{N+1}}$$

である。よって

$$L = \frac{\rho}{1-\rho} - \frac{N\rho^{N+1}}{1-\rho^{N+1}}$$

同様に，平均待ち時間は

$$L_q = 1 \cdot P_2 + 2P_3 + \cdots + (N-1)P_N$$
$$= (1 \cdot \rho^2 + 2\rho^3 + \cdots + (N-1)\rho^N)P_0$$

と書ける．つまり
$$L_q = \frac{1 + \cdots + \rho^{N-2} - (N-1)\rho^{N-1}}{1 - \rho^{N+1}} \rho^2$$
だから
$$(1-\rho)L = \frac{1 - N\rho^{N-1} + (N-1)\rho^N}{1 - \rho^{N+1}} \rho^2$$
となる．すなわち
$$L = \frac{1 - N\rho^{N-1} + (N-1)\rho^N}{(1-\rho)(1-\rho^{N+1})} \rho^2$$

4. $M/D/1/\infty$ の場合

 （ポアソン到着，一定サービス，窓口数 1，行列長無制限）
$$L = \frac{\rho(2-\rho)}{2(1-\rho)}$$
$$\left. \begin{array}{l} W_q = \dfrac{L_q}{\lambda} \\[2mm] W = \dfrac{L}{\lambda} \end{array} \right\} \text{リトルの公式に同じ}$$

5. $M/M/s/\infty$ の場合

 （ポアソン到着，指数サービス，窓口数 s，行列長無制限）
$$L_q = \frac{s^s}{s!} \frac{\rho^{s+1}}{(1-\rho)^2} P_0$$
$$P_0 = \left(\sum_{n=0}^{s-1} \frac{(\lambda/\mu)^n}{n!} + \frac{(\lambda/\mu)^s}{(s-1)!(s-\lambda/\mu)} \right)^{-1}$$
$$L = L_q + \frac{\lambda}{\mu}$$
$$\left. \begin{array}{l} W_q = \dfrac{L_q}{\lambda} \\[2mm] W = \dfrac{L}{\lambda} \end{array} \right\} \text{リトルの公式に同じ}$$

4.3.5 定常状態

待ち行列が定常状態にある場合について，解説を加えておこう．

時刻 t を基準として，Δt の間にたかだか，1 人到着，あるいは，1 人退出す

るとする。このとき

Δt の間に 1 人到着する確率：$\lambda \Delta t$

Δt の間に 1 人到着しない確率：$1 - \lambda \Delta t$

Δt の間に 1 人退出する確率：$\mu \Delta t$

Δt の間に 1 人退出しない確率：$1 - \mu \Delta t$

であるから，時刻 $t + \Delta t$ にシステム内の顧客数が n である確率は

$$P_n(t + \Delta t) = \underbrace{(\lambda \Delta t)(1 - \mu \Delta t) P_{n-1}(t)}_{\text{1 人到着, 0 人退出}} + \underbrace{(1 - \lambda \Delta t)(\mu \Delta t) P_{n+1}(t)}_{\text{0 人到着, 1 人退出}}$$
$$+ \underbrace{(1 - \lambda \Delta t)(1 - \mu \Delta t) P_n(t)}_{\text{0 人到着, 0 人退出}}$$

つまり

$$\underbrace{\frac{P_n(t + \Delta t) - P_n(t)}{\Delta t}}_{\text{微分の定義}} = \lambda P_{n-1}(t) - (\lambda + \mu) P_n + \mu P_{n+1}$$
$$+ (-\lambda \mu P_{n-1}(t) + \lambda \mu P_n(t) - \lambda \mu P_{n+1}) \Delta t$$

$\Delta t \to 0$ とすると

$$\frac{dP_n(t)}{dt} = \lambda P_{n-1}(t) - (\lambda + \mu) P_n(t) + \mu P_{n+1}$$

すべての n に対し

$$\lim_{t \to \infty} P_n(t) = P_n \, (P_n : 定数)$$

が成り立つとき，平衡状態であるといい，$\dfrac{dP_n(t)}{dt} = 0$ となる．よって

$$\frac{dP_n(t)}{dt} = \lambda P_{n-1}(t) - (\lambda + \mu) P_n(t) + \mu P_{n+1} = 0 \, (n \geq 1)$$

また，$n = 0$ のとき

$$P_0(t + \Delta t) = \underbrace{(1 - \lambda \Delta t)(\mu \Delta t) P_1(t)}_{\text{0 人到着, 1 人退出}} + \underbrace{(1 - \lambda \Delta t) P_0(t)}_{\text{0 人到着}}$$

つまり

$$\underbrace{\frac{P_0(t + \Delta t) - P_0(t)}{dt}}_{\text{微分の定義}} = -\lambda P_0 + \mu P_1 - \lambda \mu P_1 \Delta t$$

となり，$\Delta t \to 0$ のとき

$$\frac{dP_0}{dt} = -\lambda P_0 + \mu P_1$$

平衡状態では

$$0 = -\lambda P_0 + \mu P_1$$

が成り立つ。

4.4 確率分布

確率モデルがモデリングの対象とするシステムは，出力の順序が不確実性を含み，確定的な予測が困難であるが，出力値の頻度分布は一定になる性質を持つ。このため，確率モデルはモデリングの対象であるシステムと同じ確率分布を持つことが好ましく，出力順序に不確実性を持っていなければならない。確率モデルの中で所望の確率分布を作るときによく利用する確率密度関数とこれらの Octave における扱いを紹介しておこう。

指数分布

確率密度関数

$$f(x) = \begin{cases} \lambda e^{-\lambda x} & x \geq 0 \\ 0 & x < 0 \end{cases}$$

$x = 0$ で最大値（最大確率）を取り，単調減少する。電話の通話要求発生間隔，Web サイトへのアクセス件数，電子メール到着件数，故障の発生間隔などを対象とする確率モデルで利用されている。

指数分布に従う乱数（**Octave の関数**）

$$\text{exprnd}\,(\lambda, r, c)$$

$\frac{1}{\lambda} e^{-x/\lambda}$ に従う乱数を $r \times c$ 個発生させ r 行 c 列の行列として返す，r, c を省略すると 1 個ずつ乱数を返す（図 **4.1**）。

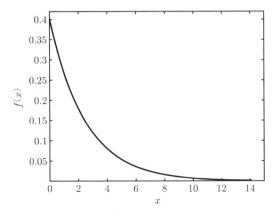

図 **4.1** 指数分布（$\lambda = 0.4$）

アーラン分布

確率密度関数

$$f(x) = \begin{cases} \dfrac{(\tau k)^k x^{k-1}}{(k-1)!} e^{-\tau k x} & x \geq 0 \\ 0 & x < 0 \end{cases} \quad k \text{ は正の整数}$$

確率密度最大となる x が τ, k の値によって調整できる。

アーラン分布に従う乱数（**Octave** の関数）

$$\frac{1}{k\tau} \times \mathrm{gamrnd}\left(k, \frac{1}{k\tau}, r, c\right)$$

$\dfrac{(\tau k)^k x^{k-1}}{(k-1)!} e^{-\tau k x}$ に従う乱数を $r \times c$ 個発生させ、r 行 c 列の行列として返す。r, c を省略した場合、乱数を 1 個ずつ返す。

注）Octave には直接アーラン分布に従った乱数を発生する関数がないが、x を一様乱数に従う値とするとき

$$y = \frac{1}{k\tau(k-1)!} x^{k-1} e^{-x}$$

がアーラン分布に従うことを利用して、対応できる（図 **4.2**）。

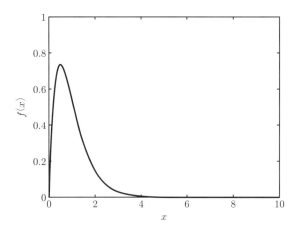

図 **4.2** アーラン分布 ($\tau = 1.0$, $k = 2.0$)

一様分布

確率密度関数

$$f(x) = \frac{1}{(b-a)} \ (a \leqq x \leqq b)$$

対象とする区間で確率密度が一定になっている。

一様分布に従うシステムのほか，分布情報が少ない場合にも利用する場合がある。

一様分布に従う乱数（Octave の関数）

$$\mathrm{unifrnd}(a, b, r, c)$$

$f(x) = \dfrac{1}{(b-a)}$ $(a \leqq x \leqq b)$ に従う乱数を $r \times c$ 個発生させ，r 行 c 列の行列として返す。r, c を省略すると乱数を 1 個ずつ返す（図 **4.3**）。

正規分布

確率密度関数

$$f(x) = \frac{1}{\sqrt{2\pi}\sigma} e^{-\frac{1}{2}\left(\frac{x-\mu}{\sigma}\right)^2}$$

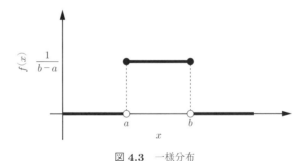

図 4.3 一様分布

平均 μ, 分散 σ^2, 平均値を与える $x = \mu$ を軸にして対象となる。また，平均値が最大確率を与える。

製品のばらつき，作業のばらつきなどを対象とする確率モデルで利用されている。

正規分布に従う乱数（Octave の関数）

$$\mathrm{normrnd}(\mu, \sigma^2, r, c)$$

$f(x) = \dfrac{1}{\sqrt{2\pi}\sigma} e^{-\frac{1}{2}\left(\frac{x-\mu}{\sigma}\right)^2}$ に従う乱数を $r \times c$ 個発生させ，r 行 c 列の行列として返す。r, c を省略すると乱数を 1 個ずつ返す（図 4.4）。

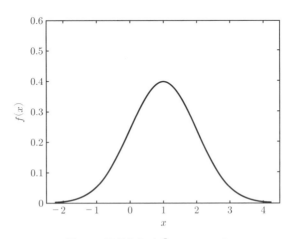

図 4.4　正規分布（$\sigma^2 = 1$, $\mu = 1$）

4.4 確率分布

プログラム　解説した各確率分布に従う乱数を逐次発生させ，頻度分布を作成するプログラムを以下に示す。いずれのプログラムも引数に発生させる乱数の個数を指定する。各確率分布に対応した実行結果のグラフをみると，どの確率分布でも乱数の個数が増加するとともに頻度分布が確率密度関数の形に近付くことが確認できる。

アーラン分布

つぎの Octave プログラム（関数）を erlan.m として保存し，erlan(1000) などと発生する乱数の個数を引数として与えて実行すると，乱数の値について頻度分布のグラフが得られる（図 **4.5**）。

―――― プログラム **4-1** (erlan.m) ――――

```
function y = erlan(n)
 dt=0.1;
 c = zeros(10,1); % 10 行 1 列の 0 行列作成
  for i = 1:n
   x = gamrnd(2,0.5)*0.5;   % アーラン分布に従う乱数
    if (x >= 0 &x <= dt*1) % 頻度分布を記録
     c(1) = c(1)+1;
    elseif (x > dt*1 &x <= dt*2)   c(2) = c(2)+1;
    elseif (x > dt*2 &x <= dt*3)   c(3) = c(3)+1;
    elseif (x > dt*3 &x <= dt*4)   c(4) = c(4)+1;
    elseif (x > dt*4 &x <= dt*5)   c(5) = c(5)+1;
    elseif (x > dt*5 &x <= dt*6)   c(6) = c(6)+1;
    elseif (x > dt*6 &x <= dt*7)   c(7) = c(7)+1;
    elseif (x > dt*8 &x <= dt*9)   c(8) = c(8)+1;
    elseif (x > dt*9 &x <= dt*10)  c(9) = c(9)+1;
    elseif (x > dt*10 &x <= dt*11) c(10) = c(10)+1;
    endif
  endfor
  X = 0;
  for i = 1:9
    X = [X i*dt]; % 横軸用データ
  endfor
 stem(X,c); % 棒グラフ描画
endfunction
```

142   4. 離散システムのモデリングとシミュレーション

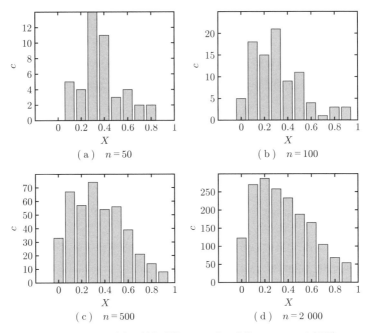

図 4.5 アーラン分布に従う乱数データ（c：度数，X：データ区間）

─── 実行例 4.1 ───
```
octave.exe:1> subplot(2,2,1)
octave.exe:2> c=erlan(50);
octave.exe:3> subplot(2,2,2)
octave.exe:4> c=erlan(100);
octave.exe:5> subplot(2,2,3)
octave.exe:6> c=erlan(500);
octave.exe:7> subplot(2,2,4)
octave.exe:8> c=erlan(2000);
```

指数分布　　指数分布に従う乱数について頻度分布のグラフを得るためのOctave プログラムを以下に示す。プログラム 4-2 を exponential.m として保存し，Octave のカレントディレクトリを exponential.m が存在するディレクトリに移動したうえで，exponential(1000) などと発生する乱数の個数を引数として与えて実行すると，指数乱数に

4.4 確 率 分 布

――― プログラム 4-2 (exponential.m) ―――

```
function c = exponential(n)
 dt=1.0;
 count = zeros(10,1);
 c = zeros(10,1);
   for i = 1:n
    x = exprnd(2.0);
    for j= 1:10
     if (x >= dt*(j-1) && x <= dt*j) % 頻度分布記録
      c(j) = c(j)+1;
     endif
    endfor
   endfor
  Xt = 0;
  for i = 1:9
    Xt = [Xt i*dt]; % 横軸用データ
  endfor
 bar(Xt, c); % 棒グラフ描画
endfunction
```

――― 実行例 4.2 ―――

```
octave.exe:1> subplot(2,2,1)
octave.exe:2> c=exponential(50);
octave.exe:3> subplot(2,2,2)
octave.exe:4> c=exponential(100);
octave.exe:5> subplot(2,2,3)
octave.exe:6> c=exponential(500);
octave.exe:7> subplot(2,2,4)
octave.exe:8> c=exponential(1000);
```

ついて度数分布のグラフが得られる（図 4.6）。

一様分布　つぎの Octave プログラム（関数）を uniform.m として保存し，uniform(10000) などと発生する乱数の個数を引数として与えて実行すると，一様乱数について頻度分布の図 4.7 に含まれる 1 グラフが得られる。

図では，各領域の頻度が異なっていることがわかるため，比較的多くの乱数データを用いても，一様分布であることを判定することが難しくなっている。

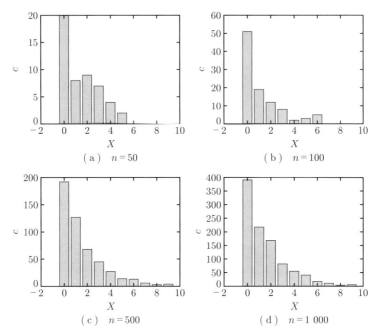

図 4.6 指数分布に従う乱数データ (c:度数, X:データ区間)

---- プログラム 4-3 (uniform.m) ----

```
function c = uniform(n)
 dt=1.0;
 count = zeros(10,1);
 c = zeros(10,1);
   for i = 1:n
   x = unifrnd(2,6);
    for j= 1:10
      if (x >= dt*(j-1) && x <= dt*j)
      c(j) = c(j)+1;
      endif
     endfor
   endfor
   Xt = 0;
   for i = 1:9
     Xt = [Xt i*dt];
   endfor
 bar(Xt ,c./n); % 比率表示で棒グラフ描画
endfunction
```

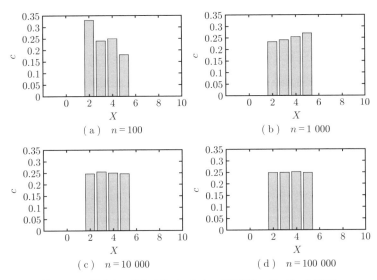

図 4.7 一様分布に従う乱数データ（c：相対度数，X：データ区間）

正規分布　　正規分布に従う乱数について頻度分布を得るためのプログラム 4-4 を以下に示す。normal.m として Octave の作業ディレクトリに保存し，Octave プロンプトから normal(100) などと発生する乱数の個数を引数として与えて実行すれば結果が確認できる（**図 4.8**）。

――――――――――― プログラム 4-4 (normal.m) ―――――――――――

```
function c = normal(n)
 dt=1.0;
 count = zeros(10,1);
 c = zeros(10,1);
   for i = 1:n
   x = normrnd(5,1);
    for j= 1:10
     if (x >= dt*(j-1) && x <= dt*j)
      c(j) = c(j)+1;
     endif
    endfor
   endfor
   xt = 0;
   for i = 1:9
```

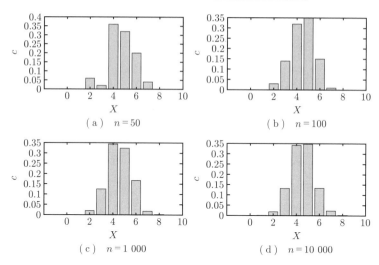

図 4.8 正規分布に従う乱数データ（c：相対度数，X：データ区間）

```
    xt = [xt i*dt];
  endfor
 bar(xt, c./n);
endfunction
```

各確率分布のグラフから，対応する確率密度関数の形を判別するために必要な具体的データ数が確率分布によって異なっていることがわかる。

4.5　未知の確率分布に対するモデリング

確率分布が未知の場合，実システムから実測値を観測することによって，確率分布を導出する必要が生じる。この場合，観測値の頻度データを作成し，頻度に応じて区間長を設定した領域を使って一様乱数を分類する。

具体的な手順は以下のとおりである。

1. 確率変数 X の値を k 個計測・記録する。
2. X の変動領域 $[X_{\min}, X_{\max}]$ を n 区間（**量子区間**という）で量子化する。

$$量子化間隔：\delta = \frac{|X_{\max} - X_{\min}|}{n}$$

4.5 未知の確率分布に対するモデリング

3. 第 i 量子区間 $X_{\min} + (i-1)\delta \leqq X < X_{\min} + i\delta$, $i = 1, \cdots, n$ に含まれる X の観測頻度 κ_i を記録する。
4. 各量子区間に対する X の値の**相対頻度** κ_i/k を求める。
5. 横軸を X, 縦軸を相対頻度として，確率分布を作成する。

導出した確率分布に基づき，ルーレット選択や**分布関数**を使って**乱数**を生成する方法について以下に述べる。

ルーレット選択

○頻度分布を利用する場合

1. 頻度分布を導出した際の n 区間で $[0,1]$ を量子化する。
 その際，第 $j\,(j=1,\cdots,n)$ 区間の量子間隔を $\delta_j = \dfrac{\kappa_j}{k}$ とする。
2. $[0,1]$ の範囲で一様乱数 U を発生させる。
3. U を含む量子区間を特定し，この区間に対応してた観測値を出力する。

$\sum_{j=1}^{n} \kappa_j = k$ に注意すると

$$\sum_{j=1}^{n} P(U \in (\text{第 } j \text{ 区間})) = \sum_{j=1}^{n} \frac{\kappa_j}{k} = 1,\ 0 \leqq \frac{\kappa_j}{k} \leqq 1$$

となる。

$$k = 5, \frac{\kappa_1}{k} = 0.3, \frac{\kappa_2}{k} = 0.25, \frac{\kappa_3}{k} = 0.2, \frac{\kappa_4}{k} = 0.15, \frac{\kappa_5}{k} = 0.1$$

の頻度分布を得た場合のルーレット選択プログラムをプログラム 4-5 に示す（図 **4.9**）。

―――― プログラム 4-5 (distrib.m) ――――

```
function c = distrib(k)
 count = [0 0 0 0 0];
  for i = 1:k
   x = unifrnd(0,1);
    if (x >= 0 & x < 0.3)   % 観測した分布データ
     count(1) = count(1)+1;% 頻度を記録
```

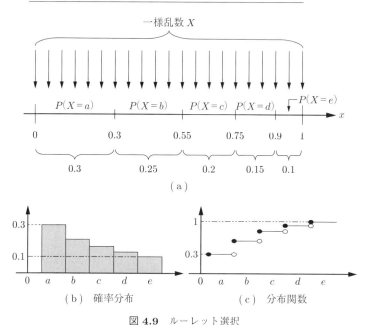

図 4.9 ルーレット選択

```
    elseif (x >= 0.3 & x < 0.55) % 数直線上の分布
      count(2) = count(2)+1;     % 頻度を記録
    elseif (x >= 0.55 & x < 0.75)% 数直線上の分布
      count(3) = count(3)+1;
    elseif (x >= 0.75 & x < 0.9) % 数直線上の分布
      count(4) = count(4)+1;
    elseif (x >= 0.9 & x <= 1.0) % 数直線上の分布
      count(5) = count(5)+1;
    endif
  endfor
  time = 0;
  for i = 1:4
    time = [time i]; % 横軸用データ
  endfor
 stem(time,count ./k); % 棒グラフ描画
endfunction
```

量子区間が等間隔でないことを除けば，確率分布既知の場合と本質的に同じプログラムである．実行例と実行結果を実行例 4.3, 図 **4.10** に示す．

4.5 未知の確率分布に対するモデリング

---── 実行例 4.3 ──---

```
octave.exe:1> dir
octave.exe:1> dir ./distrib.m
distrib.m
octave.exe:2> subplot(2,2,1)
octave.exe:3> c=distrib(50);
octave.exe:4> subplot(2,2,2)
octave.exe:5> c=distrib(100);
octave.exe:6> subplot(2,2,3)
octave.exe:7> c=distrib(500);
octave.exe:8> subplot(2,2,4)
octave.exe:9> c=distrib(2000);
```

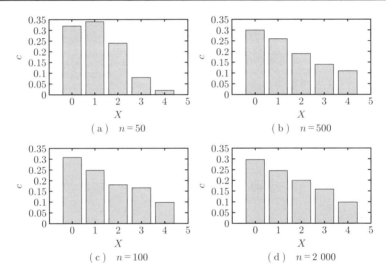

図 4.10 分布未知の場合の乱数データ（c：相対度数, X：データ区間）

分布関数を利用する方法

確率密度関数 $f(X)$ に対し

$$F(T_1) = \int_{-\infty}^{T_1} f(X)dX$$

を分布関数という。分布関数を観測データから近似的に生成する。手順を以下に示す。

1. 観測値 ψ_i $(1 \leq i \leq k)$ に対し，$\psi_i \leq \psi_{i+1}$ とする。

$$F(\psi_i) = \sum_{j=1}^{i} \psi_j \ (1 \leq i \leq k)$$

として $F(T_1)$ の離散値を作り，$\psi_i < X < \psi_{i+1}$ $(i = 1, \cdots, k-1)$ について $F(X)$ を直線補間などで近似する。

2. $[X_{\min}, X_{\max}]$ の範囲で一様乱数 U を発生させる。
3. $U = F(T_1)$ を満たす T_1 の値を求め，出力とする。

確率密度関数を利用する方法（参考）　　U を区間 $[0,1]$ の一様乱数とする。

一様分布　　$T_1 = a + (b-a)U$

指数分布　　$T_1 = -\log \dfrac{U}{\lambda}$

正規分布　　$T_1 = \sigma \sqrt{\dfrac{12}{n}} \left\{ \sum_{i=1}^{n} \left(U_i - \dfrac{n}{2} \right) \right\} + \mu$

詳しくは，文献15) などを参照されたい。

4.6　シミュレーション

離散システムモデルでは不確実性が確率モデルで記述され，確率モデルが発生する乱数系列に基づいてシステム全体の振舞いが決まる。離散システムが持つ確率モデルは単数の場合も複数の場合もある。本節では，確率モデルが生成する乱数を用いて離散時間システムを駆動する手法としてモンテカルロ法を取り上げる。

4.6.1　モンテカルロ法

一般的には確率過程に従うシステム要素について，乱数を用いて動作させる方法の総称であり，これまで解説した乱数発生プログラムを利用して離散システムモデルを駆動するアルゴリズムの設計とコーディングがこれにあたる。

以下ひずんだサイコロのモデルを対象に，モンテカルロ法によるシミュレーションプログラムを作成してみよう．

ひずんだサイコロのシミュレーション

対象であるサイコロについて，各目の出る確率が**表 4.2** のとおりとする．

表 4.2 各目の出る確率

目の値	1	2	3	4	5	6
確率	0.8	0.1	0.05	0.02	0.02	0.01

このサイコロを 1 回振るとき，確率分布は**図 4.11** のとおりである．

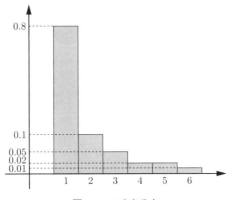

図 4.11 確率分布

これをルーレット選択で実現する場合，$0 \leqq x \leqq 1$ の領域を 1 から 6 の目に対応する小区間で順に量子化する．このとき，表 4.2 に記載の確率と $0 \leqq x \leqq 1$ に対する各小区間長の比率とを対応させる．つまり，**表 4.3** のように各小区間をとり，$0 \leqq x \leqq 1$ の範囲で一様分布に従った乱数を与える．

表 4.3 ルーレット選択のための量子化

目の値	1	2	3	4	5	6
区間	0〜0.8	0.8〜0.9	0.9〜0.95	0.95〜0.97	0.97〜0.99	0.99〜1.0
区間長	0.8	0.1	0.05	0.02	0.02	0.01

ルーレット選択を使ってひずんだサイコロを m 回振り，これを n 回繰り返す Octave プログラムを以下に示す．プログラム 4-6 を diceM.m のファイル名で

Octave のカレントディレクトリに保存し，diceM(1,1) として実行すると，サイコロを 1 回振り，出た目の値を結果として表示する。これを繰り返すと，出る目の順序に不確実性が存在することがわかるはずである。

diceM(10,20) として実行すると 10 回サイコロを振る試行を 1 セットとして，20 セット繰り返して出た順序どおりに，目の値を列挙する。

―――― プログラム 4-6 (diceM.m) ――――
```
function kv=diceM(m,n)
kv=zeros(n,m);
 for j = 1:n
  for i = 1:m
   x = unifrnd(0, 1);       % 一様乱数
    if (x >= 0 && x < 0.8)
     kv(j,i) = 1;    % 1 の目
    elseif (x >= 0.8 && x < 0.9)
     kv(j,i) = 2;    % 2 の目
    elseif (x >= 0.9 && x < 0.95)
     kv(j,i) = 3;    % 3 の目
    elseif (x >= 0.95 && x < 0.97)
     kv(j,i) = 4;    % 4 の目
    elseif (x >= 0.97 && x < 0.99)
     kv(j,i) = 5;    % 5 の目
    elseif (x >= 0.99 && x <= 1.0)
     kv(j,i) = 6;    % 6 の目
    endif
  endfor
 endfor
endfunction
```

実行例を以下に示す。不確実性を持ったサイコロが実現できていることが確認できる。

―――― 実行例 4.4 ――――
```
octave.exe:1> diceM(1,1)
ans =  3
octave.exe:2> diceM(1,1)
ans =  1
octave.exe:3> diceM(14,2)
ans =
   1   1   1   1   1   2   1   1   1   1   3   1   1   2
   1   3   1   2   1   1   1   1   1   1   3   1   1   1
```

つぎに，出た目の度数分布を記録，確認するためにプログラム 4-6 を書き換えよう．

―――――― プログラム **4-7** (diceM2.m) ――――――
```
function kv=diceM2(m,n)
kv=zeros(n,m);
total=zeros(6); % 各目の出現回数の記録
 for j = 1:n
  for i = 1:m
   x = unifrnd(0, 1);
    if (x >= 0 && x < 0.8)
     kv(j,i) = 1;    % 1 の目
     total(1)=total(1)+1;
    elseif (x >= 0.8 && x < 0.9)
     kv(j,i) = 2;    % 2 の目
     total(2)=total(2)+1;
    elseif (x >= 0.9 && x < 0.95)
     kv(j,i) = 3;    % 3 の目
     total(3)=total(3)+1;
    elseif (x >= 0.95 && x < 0.97)
     kv(j,i) = 4;    % 4 の目
     total(4)=total(4)+1;
    elseif (x >= 0.97 && x < 0.99)
     kv(j,i) = 5;    % 5 の目
     total(5)=total(5)+1;
    elseif (x >= 0.99 && x <= 1.0)
     kv(j,i) = 6;    % 6 の目
     total(6)=total(6)+1;
    endif
  endfor
 endfor
 bar(total./(m*n));
endfunction
```

プログラム 4-7 の実行結果を図 **4.12** に示す．試行回数の増加に伴って「徐々に」設定した確率分布の形が現れていることが見てとれる．

さらに，各セットの標本平均を並べて，平均値のばらつきを確認できるようにプログラムを書き換える．

―――――― プログラム **4-8** (diceV.m) ――――――
```
function kv=diceV(m,n)
kv=zeros(n,m);
```

154   4. 離散システムのモデリングとシミュレーション

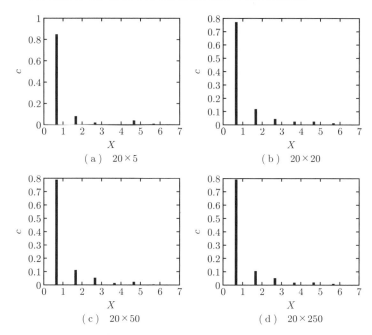

図 **4.12**　各目の頻度分布（c：相対度数, X：データ区間）

```
average=zeros(n);
 for j = 1:n
  average(j)=0;
  for i = 1:m
   x = unifrnd(0, 1);       % 一様乱数
    if (x >= 0 && x < 0.8)
     kv(j,i) = 1;    % 1の目
    elseif (x >= 0.8 && x < 0.9)
     kv(j,i) = 2;    % 2の目
    elseif (x >= 0.9 && x < 0.95)
     kv(j,i) = 3;    % 3の目
    elseif (x >= 0.95 && x < 0.97)
     kv(j,i) = 4;    % 4の目
    elseif (x >= 0.97 && x < 0.99)
     kv(j,i) = 5;    % 5の目
    elseif (x >= 0.99 && x <= 1.0)
     kv(j,i) = 6;    % 6の目
    endif
    average(j)=average(j)+kv(j,i);
  endfor
```

```
  endfor
  t=linspace(1,n,n);
  plot(t,average./m);
endfunction
```

プログラム 4-8 を diceV$(m,20)$, $m = 10, 100, 1000, 10000$ として実行した結果を図 **4.13** に示す．データ数が増加するとばらつきがなくなっていくことがわかる．対象としているサイコロの出る目 X の期待値 $E(X)$ は

$$E(X) = 1 \times 0.8 + 2 \times 0.1 + 3 \times 0.05 + 4 \times 0.02 + 5 \times 0.02 + 6 \times 0.01$$
$$= 1.39$$

であり，$n = 10\,000$ の標本平均 20 個がすべて $E(X)$ 付近に収束している．

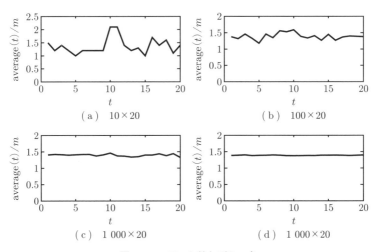

図 **4.13** データ数とばらつき

4.6.2 標本平均

プログラム 4-8 の実行例に関係がある，標本平均の性質を確認しておこう．n 個の独立な標本点 $X_i, (i = 1, \cdots, n)$ を考える．

母平均 $\quad \mu = \sum_{k=1}^{n} X_k P(X_k))$

母分散　　$\sigma^2 = \sum_{k=1}^{n}(\mu - X_k)^2 P(X_k)$

標本平均　$\bar{X} = \dfrac{1}{m}\sum_{k=1}^{n} X_k$

標本分散　$Var(X) = \dfrac{1}{n}\sum_{k=1}^{n}(\bar{X} - X_k)^2$

不偏分散　$Var(X) = \dfrac{1}{n-1}\sum_{k=1}^{n}(\bar{X} - X_k)^2$

のうち，母平均 μ，母分散 σ^2，標本平均 $\bar{X}$，標本平均の分散 $Var(\bar{X})$ の関係として，つぎのものがある。

標本平均 $\bar{X}$ に対し

$$E(\bar{X}) = \mu,\ Var(\bar{X}) = \dfrac{\sigma^2}{n}$$

が成り立つ。

証明　$E(X_i) = \mu, Var(X_i) = \sigma^2\ (i=1,2,\cdots,n)$，$X_1,\cdots,X_n$ は互いに独立であることに注意すると

$$\begin{aligned}Var(aX) &= E((aX - aE(x))^2) = E(a^2(X - E(X))^2)\\ &= a^2 E((X - E(X))^2)\\ &= a^2 Var(X)\end{aligned} \tag{4.13}$$

であるから

$$\begin{aligned}E(\bar{X}) &= E\left(\dfrac{1}{n}\sum_{i=1}^{n} X_i\right) = \dfrac{1}{n}\sum_{i=1}^{n} E(X_i) = \dfrac{1}{n}\sum_{i=1}^{n}\mu\\ &= \mu\end{aligned} \tag{4.14}$$

$$\begin{aligned}Var(\bar{X}) &= Var\left(\dfrac{1}{n}\sum_{i=1}^{n} X_i\right) = Var\left(\sum_{i=1}^{n}\dfrac{1}{n} X_i\right)\\ &= \sum_{i=1}^{n} Var\left(\dfrac{1}{n} X_i\right) = \dfrac{1}{n^2}\sum_{i=1}^{n} Var(X_i)\end{aligned} \tag{4.15}$$

$$= \frac{1}{n^2} \sum_{i=1}^{n} \sigma^2$$
$$= \frac{\sigma^2}{n} \tag{4.16}$$

となる。

4.6.3 $M/M/1/\infty$ の実現

$M/M/1/\infty$ の待ち行列をモンテカルロ法で動かしてみよう．コーディングのために，モデリングの内容を確認し，入出力の具体的な構造と処理の流れを定める．

1. システムの動作系列を決める要素を以下のとおりとする．
    - 顧客：3次元配列 x[顧客番号, 到着時刻, 退出時刻]
    - 到着間隔：指数乱数
    - サービス時間：指数乱数
    - システムの入力：1顧客の到着（到着時刻）
    - システムの出力：1顧客の退出（退出時刻）
    - システムの状態：行列長（滞在人数）y[更新時刻, 行列長]
    - システムの動作（状態遷移）：1顧客の到着（時刻），1顧客の退出（時刻）

2. 顧客到着時刻，サービス開始時刻，顧客退出時刻を時系列に並べて記録し，状態遷移が起きた時刻を管理する．また，必要に応じて行列長，待ち時間を記録しておく．具体的な処理内容と処理順序を以下に示す．また，状態遷移発生時刻の記録に関する模式図を図**4.14**に，フローチャートを図**4.15**に示す．

    (a) シミュレーション時間の決定，時刻リスト初期化，第1顧客到着
    (b) 到着間隔，サービス時間を決定
    (c) $\min\{$現在時刻+到着間隔, 現在時刻+サービス時間$\}$ を時刻リス

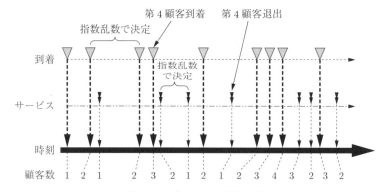

図 4.14 待ち行列の状態遷移

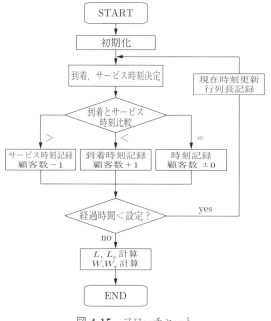

図 4.15 フローチャート

トに記録

(d) (現在時刻 + 到着間隔) > (現在時刻 + サービス時間) のとき，つぎの到着間隔を決定

(現在時刻 + 到着間隔) < (現在時刻 + サービス時間) のとき，つ

ぎのサービス時間を決定

(現在時刻 + 到着間隔) = (現在時刻 + サービス時間) のとき，つぎの到着間隔とサービス時間を決定

(e) (現在時刻) < (シミュレーション終了時刻) なら (c) へ戻る。

(現在時刻) ≧ (シミュレーション終了時刻) なら終了。

3. 平均滞在顧客数 $\bar{L}$

シミュレーション実行時間 T のうち，滞在顧客数 i である時間（合計）を t_i とすると

$$\bar{L} = \sum_{\forall i} i \frac{t_i}{T}$$

である。

4. 平均滞在時間 $\overline{W}$

第 j 番目の顧客の到着時刻を $t_{\text{in}}(j)$，退出時刻を $t_{\text{out}}(j)$，顧客総数を N とすると

$$\overline{W} = \frac{1}{N} \sum_{j=1}^{N} (t_{\text{out}}(j) - t_{\text{in}}(j))$$

である。

到着間隔が $0.1 + 0.2e^{-\lambda x}$，サービス間隔が $0.5e^{-0.5x}$ に従う $M/M/1/\infty$ の待ち行列の Octave プログラムを以下に示す。Octave のカレントディレクトリに Queue.m として保存し，Queue(400) などと，シミュレーションの実施時間を引数に指定して実行することによって，滞在顧客数の時間推移がグラフとして得られる。実行結果の例を図 **4.16** に示す。

―――― プログラム 4-9 (Queue.m) ――――

```
function y = stack(n) % n:実行時間
 time = 0; % 現在時刻
 trans = 0; % 状態遷移時刻 (記録用)
 arrive = 0; % 到着顧客番号
 service = 0; % 退出顧客番号
 y = [0 0]; % 到着・退出記録
 l = 0; % 滞在顧客数
```

```
  line = 0;   % 滞在顧客数記録
  t1 = 0;     % 次到着
  t2 = 0.1+exprnd(0.2); % 次サービス
  while(time < n) % シミュレーション終了条件
    if (time+t1 > time+t2)
      if(l>0)
        service = service + 1; % 顧客番号(退出)
        y(service,2) = time+t2; % 退出時刻記録
        trans = [trans time+t2]; % 状態遷移時刻
        time = time+t2; % 現在時刻更新
        l=l-1;                 % 滞在顧客数更新
        line = [line l]; % 滞在顧客数記録
        t1 = t1 - t2; % t2 分の時間経過を考慮
        t2 = 0.1+exprnd(0.2); % 次サービス
      else % 顧客 0 のときは時間を進めるだけ
        trans = [trans time+t2]; % 状態遷移時刻
        time = time+t2;
        t1 = t1 -t2;
        t2 = 0.1+exprnd(0.2); % 次サービス時間
        line = [line l];
      endif
    elseif (time+t1 < time+t2)
      arrive = arrive + 1;
      y(arrive,1) = time+t1;
      trans = [trans time+t1];
      time = time+t1;
      t2 = t2 -t1;
      t1 = exprnd(0.5);      % 次到着
      l=l+1;
      line = [line l];
     elseif (time+t1 == time+t2)
      arrive = arrive + 1;
      service = service + 1;
      y(arrive,1) = time+t1;
      y(service,2) = time+t2;
      trans = [trans time+t1];
      time = time+t1;
      t1 = exprnd(0.5);   % 次到着
      t2 = 0.1+exprnd(0.2); % 次サービス
      l=l;
      line = [line l];
     endif
  endwhile
  plot(trans, line, '-')   % 結果を表示
endfunction
```

4.6 シミュレーション　　161

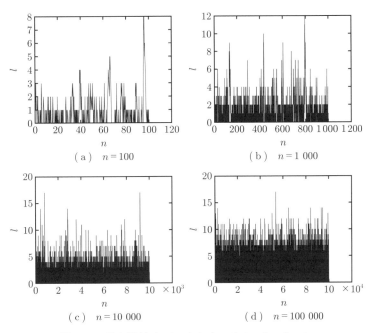

図 4.16　待ち行列（$M/M/1/\infty$）のシミュレーション

　図 4.16 から，シミュレーションの実施時間が長くなるとともに滞在顧客数が大きくなっていくことがわかるが，増加がどこまで続くのかを読み取ることが困難になっている．そこで，平均滞在顧客数と平均滞在時間を記録・確認処理を加えたプログラム 4-10 を以下に示す．また，実行結果を図 4.17 に示す．図から，平均滞在顧客数，平均滞在時間ともに $n=8000$ 程度で変化が小さくなっていることがわかる．

───────── プログラム 4-10 (Queue1A.m) ─────────

```
function [Eline_av Estay_av] = queue1A(n)
 time = 0; % 現在時刻
 trans = 0; % 状態遷移時刻
 trans_s = 0; % 顧客退出履歴
 arrive = 0; % 到着顧客番号
 service = 0; % 退出顧客番号
 y = [0 0]; % 到着・退出記録
 l = 0; % 滞在顧客数
 line = 0;   % 滞在顧客数記録
 Eline_av = 0; % 平均滞在顧客数
```

```
line_av = 0; %平均滞在顧客数履歴
Estay_av = 0; % 平均滞在時間
stay_av = 0; % 平均滞在時間履歴
mu_i = 0.2; % サービス間隔
BestEffort = 0.1; % 最短サービス時間
lambda_i = 0.5; % 到着間隔

t1 = exprnd(lambda_i);    % 次到着
t2 = BestEffort+exprnd(mu_i); % 次サービス

while(time < n) % シミュレーション実行時間
  if (time+t1 < time+t2) % 3 分岐の 1 (到着の処理)
     arrive = arrive + 1; % 顧客番号 (到着)
     y(arrive,1) = time+t1; % 到着時刻記録
     Eline_av = (Eline_av + l*t1);
     if(time+t1 !=0)
        line_av = [line_av Eline_av/(time+t1)];  % 平均滞在顧客数更新
     else
        line_av = [line_av Eline_av];  % 平均滞在顧客数 (0)
     endif
     trans = [trans time+t1];
     time = time+t1;
     if(l>0)
        t2 = t2 -t1;
     endif % 顧客 0 のときを考慮
     t1 = exprnd(lambda_i);      % 次到着
     l=l+1; % 滞在顧客数更新
     line = [line l]; % 滞在顧客数記録
  elseif (time+t1 > time+t2) % 3 分岐の 2 (退出の処理)
     Eline_av = (Eline_av + l*t2);
     line_av = [line_av Eline_av/(time+t2)]; % 平均滞在顧客数更新
     trans = [trans time+t2]; % 状態遷移時刻
     t1 = t1 - t2; % t2 分の時間経過を考慮
     if(l>0)
        service = service + 1; % 顧客番号 (退出)
        y(service,2) = time+t2; % 退出時刻記録
        Estay_av=(Estay_av +y(service,2)-y(service,1));
        stay_av=[stay_av Estay_av/service]; % 平均滞在時間更新
        trans_s = [trans_s time+t2]; % 顧客退出時刻
        l=l-1; % 滞在顧客数更新
     else % 顧客 0 のとき
        l=l; % 滞在顧客数変更なし
     endif
     line = [line l]; % 滞在顧客数記録
     time = time+t2; % 現在時刻更新
     t2 = BestEffort + exprnd(mu_i); % 次サービス
  elseif (time+t1 == time+t2) % 3 分岐の 3 (到着と退出の処理)
     arrive = arrive + 1;
```

```
    y(arrive,1) = time+t1;
    Eline_av = (Eline_av + l*t1);
    if(time+t1 !=0)
      line_av = [line_av Eline_av/(time+t1)];
    else
      line_av = [line_av Eline_av];
    endif % 平均行列長更新
    trans = [trans time+t1];
    if(l>0) l=l;
      service = service + 1;
      y(service,2) = time+t2;
      Estay_av=(Estay_av +y(service,2)-y(service,1));
      stay_av=[stay_av Estay_av/service]; % 平均滞在時間更新
    else
      l=l+1;
    endif
    time = time+t1;
    line = [line l];
    t1 = exprnd(lambda_i);     % 次到着
    t2 = BestEffort + exprnd(mu_i); % 次サービス
   endif
  endwhile
  trans_s=[trans_s time];
  stay_av=[stay_av Estay_av/service];
  Estay_av=Estay_av/service;
  Eline_av=Eline_av/n;
  subplot(3,1,1)
  plot(trans, line, '-')
  subplot(3,1,2)
  plot(trans, line_av, '-')
  subplot(3,1,3)
  plot(trans_s, stay_av, '-')
endfunction
```

4.6.4 $M/M/2/\infty$ の実現

前項の待ち行列に対して窓口数を複数 (2) として，$M/M/2/\infty$ のシミュレーションを行おう．システムの動作系列を決める要素は $M/M/1(\infty)$ と同様であるが，窓口数が複数存在するため，サービスの開始と終了の記録・管理について変更が必要になる．

1. システムの動作系列を決める要素：$M/M/1(\infty)$ と同じ．
2. 状態遷移が起きた時刻の管理を次ページのとおりとする．

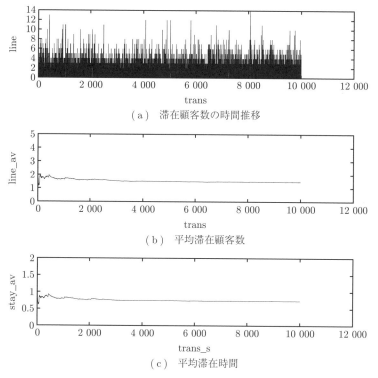

図 4.17 待ち行列 ($M/M/1/\infty$) の L, W

(a), (b), (e)：$M/M/1(\infty)$ と同じ。

(c) min{ 現在時刻 + 到着間隔, 現在時刻 + サービス時間：窓口1,

現在時刻 + サービス時間：窓口2}

を時刻リストに記録。

(d) (現在時刻 + 到着間隔) < (現在時刻 + サービス時間) のとき，つぎの到着間隔を決定。

(現在時刻 + 到着間隔) > (現在時刻 + サービス時間) のとき，つぎのサービス時間を決定。

- 窓口1が早く終了：窓口1の次サービス時間決定
- 窓口2が早く終了：窓口2の次サービス時間決定

- 同時に終了：窓口 1, 2 の次サービス時間決定

(現在時刻 + 到着間隔) = (現在時刻 + サービス時間) のとき，つぎの到着間隔とサービス時間を決定．

- 窓口 1 と同時，窓口 2 と異なる：窓口 1 の次サービス時間決定
- 窓口 2 と同時，窓口 1 と異なる：窓口 2 の次サービス時間決定
- 両窓口同時に終了：窓口 1, 2 の次サービス時間決定

複数の窓口への対応について，到着とサービス時刻の組合せを列挙し，各窓口との対応を確認できるようにしたプログラムを下に示す．

―― プログラム 4-11 (Queue2.m) ――

```
function time = stack2(n);
 base_serviceA=0.2; % 窓口 1 の基本サービス時間
 base_serviceB=0.1; % 窓口 2 の基本サービス時間
 lambda_serviceA=0.5; % 窓口 1 のサービス時間ばらつき
 lambda_serviceB=0.8; % 窓口 2 のサービス時間ばらつき
 lambda_arrive=0.5; % 到着間隔のばらつき
 time = 0; % 現在時刻
 trans = 0; % 状態遷移時刻
 arrive = 0; % 到着顧客番号
 service = 0; % 退出顧客番号
 y = [0 0]; % 到着・退出記録
 l = 0; % 行列長
 line = 0;  % 行列長記録

 t1 = 0;    % 次到着
 t2 = base_serviceA+exprnd(lambda_serviceA); % 次サービス 1
 t3 = base_serviceB+exprnd(lambda_serviceB); % 次サービス 2

 while(time < n) % シミュレーション実行時間
   if(time + t1 > time + t2 || time + t1 > time + t3) % サービス終了が次到着より先
     if(l>0) % 他の顧客にサービス実施中で列に並ぶ場合
       service = service + 1; % 顧客番号 (退出)
       if(t2 < t3) % 窓口 1 が先に空く
         y(service,2) = time+t2; % 退出時刻記録
         trans = [trans time+t2]; % 状態遷移時刻
         time = time+t2; % 現在時刻更新
         t1 = t1 - t2; % t2 分の時間経過を考慮
         t3 = t3 - t2; % t2 分の時間経過を考慮
         t2 = base_serviceA+exprnd(lambda_serviceA); % 次サービス
```

```
      elseif(t3 < t2) % 窓口 2 が先に空く
        y(service,2) = time+t3; % 退出時刻記録
        trans = [trans time+t3]; % 状態遷移時刻
        time = time+t3; % 現在時刻更新
        t1 = t1 - t3; % t3 分の時間経過を考慮
        t2 = t2 - t3; % t3 分の時間経過を考慮
        t3 = base_serviceB+exprnd(lambda_serviceB); % 次サービス
      elseif(t3==t2) % 同時に窓口 2 個が空く
        y(service,2) = time+t2; % 退出時刻記録 (1 人目)
        service = service+1; % 顧客番号 (2 人目退出)
        y(service,2) = time+t3; % 退出時刻記録 (2 人目)
        trans = [trans time+t2]; % 状態遷移時刻
        time = time+t2; % 現在時刻更新
        t1 = t1 - t2; % t2 分の時間経過を考慮
        t2 = base_serviceA+exprnd(lambda_serviceA); % 次サービス
        t3 = base_serviceB+exprnd(lambda_serviceB); % 次サービス
        l=l-1;          % 列長更新
      endif
      if(l>0)
        l=l-1;          % 列長更新, l==1 で 2 人同時終了なら l==0
      endif
      line = [line l]; % 列長記録
    else % 列長 0 なら, 則サービスが受けられる (時間を進めるだけ)
      if(t2 < t3) % 窓口 1 が先に空く
        trans = [trans time+t2]; % 状態遷移時刻
        time = time+t2; % 現在時刻更新
        t1 = t1 -t2; % t2 分の時間経過を考慮
        t3 = t3 -t2; % t2 分の時間経過を考慮
        t2 = base_serviceA+exprnd(lambda_serviceB); % 次サービス時間
      elseif(t3 < t2) % 窓口 2 が先に空く
        trans = [trans time+t3]; % 状態遷移時刻
        time = time+t3; % 現在時刻更新
        t1 = t1 -t3; % t3 分の時間経過を考慮
        t2 = t2 -t3; % t3 分の時間経過を考慮
        t3 = base_serviceB+exprnd(lambda_serviceB); % 次サービス時間
      elseif(t3==t2) % 同時に窓口 2 個が空く
        trans = [trans time+t2]; % 状態遷移時刻
        time = time+t2; % 現在時刻更新
        t1 = t1 -t2; % t2 分の時間経過を考慮
        t2 = base_serviceA+exprnd(lambda_serviceA); % 次サービス時間
        t3 = base_serviceB+exprnd(lambda_serviceB); % 次サービス時間
      endif
      line = [line l]; % 列長記録 (l==0 のまま)
    endif
  elseif (time+t1 < time+t2 && time+t1 < time+t3) % 次到着がサービス終了より先
    arrive = arrive + 1; % 到着顧客 ID 割当
    y(arrive,1) = time+t1; % 顧客到着時刻記録
    trans = [trans time+t1]; % 状態遷移時刻
```

```
    time = time+t1; % 現在時刻更新
    t2 = t2 -t1; % t1 分の時間経過を考慮
    t3 = t3 -t1; % t1 分の時間経過を考慮
    t1 = exprnd(lambda_arrive);    % 次到着
    l=l+1; % 列長更新
    line = [line l]; % 列長記録
  elseif ((t1 == t2 && t1<t3) || (t1 == t3 && t1<t2) || (t1 == t2 && t1 == t3))
  % 次到着がサービス終了と同時
    arrive = arrive + 1; % 到着顧客 ID 割当
    service = service + 1; % 顧客番号 (退出)
    y(arrive,1) = time+t1; % 顧客到着時刻記録
    y(service,2) = time+t1; % 顧客退出時刻記録
    trans = [trans time+t1]; % 状態遷移時刻
    time = time+t1; % 現在時刻更新
    if(t1 == t2 && t1<t3) % 1 人到着 1 人退出 (窓口 1), 列長不変
     t2 = base_serviceA+exprnd(lambda_serviceA); % 次サービス
     t3=t3-t1;
    elseif(t1 == t3 && t1<t2) % 1 人到着 1 人退出 (窓口 2), 列長不変
     t3 = base_serviceB+exprnd(lambda_serviceB); % 次サービス
     t2=t2-t1;
    elseif(t1 == t2 && t1 == t3)   % 1 人到着 2 人退出
     if(l>0)
      l=l-1;
      service = service + 1;
      y(service,2) = time;
     endif
     t2 = base_serviceA+exprnd(lambda_serviceA); % 次サービス
     t3 = base_serviceB+exprnd(lambda_serviceB); % 次サービス
    endif
    t1 = exprnd(lambda_arrive); % 次到着
    line = [line l]; % 列長記録
  endif
 endwhile
 plot(trans, line, '-')    % 結果を表示
endfunction
```

複数窓口への対応については，Octave の fork() などを使って実現した方が簡潔にコーディングできるが，変更，拡張は読者にお任せする．

章 末 問 題

【1】 レジ1台，顧客の到着が1時間当り平均5人，1人当りのレジでの所要時間は平均3分であるとき，以下に答えよ．

$M/M/1(\infty)$ を仮定してよい。

(1) 到着率 λ, サービス率 μ の値を答えよ。

(2) レジ数 1 の場合の利用率の定義を記せ。また, 利用率の値を答えよ。

(3) 到着してからサービスを受けるまでの平均待ち時間の計算式を記せ。また, 到着してからサービスを受けるまでの平均待ち時間の値を答えよ。

【2】 ポアソン到着, 指数サービス, レジ 1 台, 行列長無制限, 顧客の平均到着間隔が 6 分, 1 人当りのレジでの所要時間は 1 人当り平均 5 分であるとき, 待ち行列モデルを利用して, 以下に答えよ。

(1) ケンドール記号を用いてシステムを表せ。

(2) 到着率 λ, サービス率 μ の値を答えよ。

(3) 利用率の定義式を記せ。また, 利用率の値を計算せよ。

(4) 到着したときすぐにサービスが受けられる確率の計算式を記せ。また, 到着したとき, すぐにサービスが受けられる確率はいくらか。

(5) サービスを待っている人の平均人数の計算式を記せ。サービスを待っている人の平均人数の値を答えよ。

(6) 到着してからサービスを受けて去るまでの平均時間の平均時間の計算式を記せ。到着してからサービスを受けて去るまでの平均時間の値を答えよ。

(7) 平均滞在人数の計算式を記せ。平均滞在人数の値を答えよ。

【3】 ひずんだサイコロを振り, 出た目を表示するための計算機シミュレーションを行う。各目 $x(x = 1, 2, \cdots, 6)$ が出る確率 $P(x)$ ($P(x)$ の確率分布) を, $P(1) = 0.2, P(2) = 0.1, P(3) = 0.1, P(4) = 0.3, P(5) = 0.2, P(6) = 0.1$ とする。

(1) つぎの Octave プログラムを実行して, $P(x)$ の確率分布に従った x の値を表示させるためには, A, B, C, D, E の値をいくらにすればよいか答えよ。

```
dice = 0;
  x = unifrnd(0,1);        % 一様乱数
  if (x >= 0 & x < A) dice = 1;
   elseif (x >= A & x < B) dice = 2;
   elseif (x >= B & x < C) dice = 3;
   elseif (x >= C & x < D) dice = 4;
   elseif (x >= D & x < E) dice = 5;
   elseif (x >= E & x <= 1.0) dice = 6;
```

```
      endif
   dice      % 結果を表示
```

(2) プログラムを以下のとおりに変更した。$P(x)$ の確率に従った x の値を表示させるための，F, G, H, I, J の値はそれぞれいくらか。

```
dice = 0;
  x = unifrnd(0,1);
  if (x >= 0 & x < F) dice = 6;
   elseif (x >= F & x < G) dice = 5;
   elseif (x >= G & x < H) dice = 4;
   elseif (x >= H & x < I) dice = 3;
   elseif (x >= I & x < J) dice = 2;
   elseif (x >= J & x <= 1.0) dice = 1;
  endif
dice
```

(3) このサイコロの出る目の期待値を答えよ。
(4) このサイコロの出る目の分散を計算せよ。

【4】サービス窓口数 1，行列数 1 の待ち行列を考える。顧客の到着間隔が 1 人目から 5 人目まで順に，0, 0.55, 0.48, 0.51, 0.44（時間）であった。また，サービス時間は 1 人目から 5 人目まで順に，0.60, 0.55, 0.65, 0.35, 0.50（時間）であった。このとき，下の (1)〜(5) に答えよ。

(1) 1 人目の顧客が到着してから 5 人目の顧客が退出するまでに経過した時間はいくらか。
(2) 3 人目の顧客の滞在時間を求めよ。
(3) 滞在数 1 であった時間の合計はいくらか。
(4) 平均滞在顧客数 $\bar{L}$ を求めよ。
(5) 平均滞在時間 $\bar{W}$ を求めよ。

付　　　録

A.1　固有値と固有ベクトル

n 次正方行列 A に対し

$$A\boldsymbol{x} = \lambda\boldsymbol{x}, \quad \boldsymbol{x} \neq \boldsymbol{0}$$

を満たす数 λ と n 次のベクトル $\boldsymbol{x}$ が存在するとき，λ を A の固有値，$\boldsymbol{x}$ を固有ベクトルという。

ここで，I を n 次単位行列として

$$A\boldsymbol{x} = \lambda\boldsymbol{x} \iff (\lambda I - A)\boldsymbol{x} = \boldsymbol{0} \tag{A.1}$$

に注意する。このとき，$\lambda I - A$ に逆行列の存在を仮定すると $\boldsymbol{x} \neq \boldsymbol{0}$ に矛盾する。一方，$|\lambda I - A| = 0$ の場合には，$\lambda I - A$ の零空間に属する $\boldsymbol{x}$ が式 (A.1) を満たし，固有値が存在する。よって，λ が行列 A の固有値であるための必要十分条件は

$$|\lambda I - A| = 0$$

である。行列 $A = (a_{ij}), (i, j = 1, \cdots, n)$ に対して

$$|\lambda I - A| = \begin{vmatrix} \lambda - a_{11} & -a_{12} & \cdots & -a_{1n} \\ -a_{21} & \lambda - a_{22} & \cdots & -a_{2n} \\ \vdots & \vdots & \ddots & \vdots \\ -a_{n1} & -a_{n2} & \cdots & \lambda - a_{nn} \end{vmatrix}$$

が λ の n 次多項式になる。これを行列 A の固有多項式，方程式 $|\lambda I - A| = 0$ を固有方程式という。n 次の固有方程式は n 個の解，つまり固有値を持つ。

例 A.1　$\lambda \in R$ を含む連立方程式

$$\begin{cases} 4x_1 - 5x_2 = \lambda x_1 \\ 2x_1 - 3x_2 = \lambda x_2 \end{cases}$$

を行列表現すると

$$\begin{bmatrix} 4 & -5 \\ 2 & -3 \end{bmatrix} \begin{bmatrix} x_1 \\ x_2 \end{bmatrix} = \lambda \begin{bmatrix} x_1 \\ x_2 \end{bmatrix}$$

となる.いま,$\bm{x} = [x_1, x_2]^{\mathrm{T}}$ と置くと,上の連立方程式は

$$A\bm{x} = \lambda \bm{x}, A = \begin{bmatrix} 4 & -5 \\ 2 & -3 \end{bmatrix}, \bm{x} = [x_1, x_2]^{\mathrm{T}}$$

と表される.$(Ax - \lambda I)\bm{x} = 0, x \neq 0$ を満たす λ つまり固有値が存在するための必要十分条件は $|A - \lambda I| = 0$ である.

$$\begin{aligned} |A - \lambda I| &= \begin{vmatrix} 4 - \lambda & -5 \\ 2 & -3 - \lambda \end{vmatrix} = 0 \\ &\Leftrightarrow (4 - \lambda)(-3 - \lambda) + 10 = 0 \\ &\Leftrightarrow \lambda^2 - \lambda - 2 = 0 \end{aligned}$$

であるから,2 個の固有値は

$$\begin{cases} \lambda_1 &= -1 \\ \lambda_2 &= 2 \end{cases}$$

である.

$\lambda_1 = 1$ に対する固有ベクトルは

$$(A - \lambda_1 I)x = 0$$

を満たすから

$$\left(\begin{bmatrix} 4 & -5 \\ 2 & -3 \end{bmatrix} - \lambda_1 \begin{bmatrix} 1 & 0 \\ 0 & 1 \end{bmatrix} \right) \bm{x} = \begin{bmatrix} 5 & -5 \\ 2 & -2 \end{bmatrix} \begin{bmatrix} x_1 \\ x_2 \end{bmatrix} = \begin{bmatrix} 5x_1 - 5x_2 \\ 2x_1 - 2x_2 \end{bmatrix} \quad (A.2)$$

$$= \begin{bmatrix} 0 \\ 0 \end{bmatrix} \quad (A.3)$$

となる.つまり,s_1 を 0 以外の任意定数として

$$\bm{x} = s_1 \begin{bmatrix} 1 \\ 1 \end{bmatrix}, s_1 \neq 0$$

が λ_1 に対する固有ベクトルである.

λ_2 に対する固有ベクトルは

$$(A - \lambda_2 I)\boldsymbol{x} = 0$$

を満たすから

$$\begin{bmatrix} 4 - \lambda_2 & -5 \\ 2 & -3 - \lambda_2 \end{bmatrix} \boldsymbol{x} = \begin{bmatrix} 2 & -5 \\ 2 & -5 \end{bmatrix} \boldsymbol{x}$$
$$= 0 \tag{A.4}$$

つまり，s_2 を 0 以外の任意定数として

$$\boldsymbol{x} = s_2 \begin{bmatrix} 5 \\ 2 \end{bmatrix}, \ s_2 \neq 0$$

が λ_2 に対する固有ベクトルである。

例 A.2 3×3 行列 $A = \begin{bmatrix} 1 & 1 & 5 \\ 0 & 3 & 0 \\ 5 & 4 & 1 \end{bmatrix}$ について，A の固有値をすべて求め，各固有値に対応する固有ベクトルを記せ。

[解] 固有値を λ と置く。

$$A - \lambda I = \begin{bmatrix} 1 - \lambda & 1 & 5 \\ 0 & 3 - \lambda & 0 \\ 5 & 4 & 1 - \lambda \end{bmatrix}$$

だから，特性方程式は

$$|A - \lambda I| = (1 - \lambda)(3 - \lambda)(1 - \lambda) - 25(3 - \lambda)$$
$$= (\lambda - 6)(\lambda - 4)(3 - \lambda)$$
$$= 0 \tag{A.5}$$

であるから，3 個の固有値は

$$\begin{cases} \lambda_1 = 6 \\ \lambda_2 = -4 \\ \lambda_3 = 3 \end{cases}$$

である。いま，各固有値に対する固有ベクトルを，$\boldsymbol{x} = \begin{bmatrix} x_1 & x_2 & x_3 \end{bmatrix}^{\mathrm{T}}$ とする。

$\lambda_1 = 6$ に対する固有ベクトルは

$$(A - \lambda_1 I)x = 0$$

を満たすから

$$\begin{bmatrix} 5 & 1 & 5 \\ 0 & -3 & 0 \\ 5 & 4 & -5 \end{bmatrix} \begin{bmatrix} x_1 \\ x_2 \\ x_3 \end{bmatrix} = \begin{bmatrix} -5x_1 + x_2 + 5x_3 \\ -3x_2 \\ 5x_1 + 4x_2 - 5x_3 \end{bmatrix} = \begin{bmatrix} 0 \\ 0 \\ 0 \end{bmatrix} \tag{A.6}$$

となる。つまり，s_1 を 0 以外の任意定数として

$$\bm{x} = s_1 \begin{bmatrix} 1 \\ 0 \\ 1 \end{bmatrix}, \; s_1 \neq 0$$

が λ_1 に対する固有ベクトルである。

$\lambda_2 = -4$ に対する固有ベクトルは

$$\begin{bmatrix} 5 & 1 & 5 \\ 0 & 7 & 0 \\ 5 & 4 & 5 \end{bmatrix} \begin{bmatrix} x_1 \\ x_2 \\ x_3 \end{bmatrix} = \begin{bmatrix} 5x_1 + x_2 + 5x_3 \\ 7x_2 \\ 5x_1 + 4x_2 + 5x_3 \end{bmatrix} = \begin{bmatrix} 0 \\ 0 \\ 0 \end{bmatrix} \tag{A.7}$$

を満たすから，s_2 を 0 以外の任意定数として

$$\bm{x} = s_2 \begin{bmatrix} 1 \\ 0 \\ -1 \end{bmatrix}, \; s_2 \neq 0$$

が λ_2 に対する固有ベクトルである。

$\lambda_3 = 3$ に対する固有ベクトルは

$$\begin{bmatrix} -2 & 1 & 5 \\ 0 & 0 & 0 \\ 5 & 4 & -2 \end{bmatrix} \begin{bmatrix} x_1 \\ x_2 \\ x_3 \end{bmatrix} = \begin{bmatrix} -2x_1 + x_2 + 5x_3 \\ 0 \\ 5x_1 + 4x_2 - 2x_3 \end{bmatrix} = \begin{bmatrix} 0 \\ 0 \\ 0 \end{bmatrix} \tag{A.8}$$

を満たすから，s_3 を 0 以外の任意定数として

$$\bm{x} = s_3 \begin{bmatrix} -22 \\ 21 \\ -13 \end{bmatrix}, \; s_3 \neq 0$$

が λ_3 に対する固有ベクトルである。

Octave には固有値と固有ベクトルを計算する組込み関数 "eig" があり，上記の計算を容易に確認することができる。A を行列として $[E\ L]$=eig(A) の形で実行することによって L に固有値，E に固有ベクトルが得られる。ただし，E は固有ベクトルを列に並べた行列で，各固有ベクトルは大きさ 1 に正規化されたものが出力される。また，L は対角行列の対角成分に固有値が出力される。

```
octave.exe:1> A=[1 1 5;
> 0 3 0;5 4 1]
octave.exe:2> [E L]=eig(A)
E =
   0.70711  -0.70711  -0.66514
   0.00000   0.00000   0.63491
   0.70711   0.70711  -0.39304
L =
   6.0000        0        0
        0  -4.0000        0
        0        0   3.0000
octave.exe:3> 1/sqrt(2)
ans =  0.70711
octave.exe:4> l=sqrt(21^2+22^2
> +13^2);
```

```
octave.exe:5> [-22 21 -13]/l
ans =
  -0.66514   0.63491  -0.39304
octave.exe:6> B=[4 -5;2 -3];
octave.exe:7> [E L]=eig(B)
E =
   0.92848   0.70711
   0.37139   0.70711
L =
   2   0
   0  -1
octave.exe:8> l=sqrt(5^2+2^2);
octave.exe:9> [5 2]/l
ans =
   0.92848   0.37139
```

上記実行例では例 A.2 の行列を A，例 A.1 の行列を B として固有値と固有ベクトルの計算を行った。第 3〜5 番目と第 8 番目の実行例では，例 A.1，例 A.2 で得られたいくつかの固有ベクトルを長さ 1 に正規化している。これらが，Octave によって出力された E の列ベクトルに一致していることがわかる。

A.2 行列の対角化

n 次正方行列 A は

$$S^{-1}AS = \begin{bmatrix} \alpha_1 & 0 & 0 & \cdots & 0 & 0 \\ 0 & \alpha_2 & 0 & \ddots & \vdots & 0 \\ 0 & 0 & \ddots & \ddots & \ddots & \vdots \\ \vdots & \ddots & \ddots & \ddots & 0 & 0 \\ 0 & \vdots & \ddots & 0 & \alpha_{n-1} & 0 \\ 0 & 0 & \cdots & 0 & 0 & \alpha_n \end{bmatrix}$$

となる正則行列 S が存在するとき，対角化可能であるという．そして，つぎの定理 A.1 が対角化の方法を与える．

定理 A.1 A を $n \times n$ 行列とする．A の n 個の相異なる 1 次独立な固有ベクトルで，$n \times n$ 行列 S の n 個の列を構成し

$$S^{-1}AS = \Lambda$$

と置くと，Λ は対角行列になる．

証明 $x_i \, (i=1,\cdots,n)$ を A の相異なる固有ベクトル，λ_i を A の固有値とする．つまり $A\boldsymbol{x}_i = \lambda_i \boldsymbol{x}_i$

このとき

$$S = \begin{bmatrix} | & | & \cdots & | \\ x_1 & x_2 & \cdots & x_n \\ | & | & \cdots & | \end{bmatrix}$$

とすると

$$AS = A \begin{bmatrix} | & | & \cdots & | \\ x_1 & x_2 & \cdots & x_n \\ | & | & \cdots & | \end{bmatrix} = [Ax_1, Ax_2, \cdots, Ax_n]$$
$$= [\lambda_1 x_1, \lambda_2 x_2, \cdots, \lambda_n x_n]$$

$$= [x_1, x_2, \cdots, x_n] \begin{bmatrix} \lambda_1 & 0 & 0 & \cdots & 0 & 0 \\ 0 & \lambda_2 & 0 & \ddots & \vdots & 0 \\ 0 & 0 & \ddots & \ddots & \ddots & \vdots \\ \vdots & \ddots & \ddots & \ddots & 0 & 0 \\ 0 & \vdots & \ddots & 0 & \lambda_{n-1} & 0 \\ 0 & 0 & \cdots & 0 & 0 & \lambda_n \end{bmatrix}$$

となる．いま，$\bm{x}_i\,(i=1,\cdots,n)$ が相異なる 1 次独立なベクトルであることから S は正則である．そこで，左から $S^{-1} = [x_1, x_2, \cdots, x_n]^{-1}$ を掛けると

$$S^{-1}AS = [x_1, x_2, \cdots, x_n]^{-1}[x_1, x_2, \cdots, x_n] \begin{bmatrix} \lambda_1 & 0 & 0 & \cdots & 0 & 0 \\ 0 & \lambda_2 & 0 & \ddots & \vdots & 0 \\ 0 & 0 & \ddots & \ddots & \ddots & \vdots \\ \vdots & \ddots & \ddots & \ddots & 0 & 0 \\ 0 & \vdots & \ddots & 0 & \lambda_{n-1} & 0 \\ 0 & 0 & \cdots & 0 & 0 & \lambda_n \end{bmatrix}$$

$$= \begin{bmatrix} \lambda_1 & 0 & 0 & \cdots & 0 & 0 \\ 0 & \lambda_2 & 0 & \ddots & \vdots & 0 \\ 0 & 0 & \ddots & \ddots & \ddots & \vdots \\ \vdots & \ddots & \ddots & \ddots & 0 & 0 \\ 0 & \vdots & \ddots & 0 & \lambda_{n-1} & 0 \\ 0 & 0 & \cdots & 0 & 0 & \lambda_n \end{bmatrix}$$

となり，固有値を成分に持つ対角行列ができる．

必要性についても次ページのとおりに成り立つので，定理 A.1 は A が対角可能であるための必要十分条件を与えている．

A.2 行列の対角化

$$S^{-1}AS = \begin{bmatrix} \lambda_1 & 0 & 0 & \cdots & 0 & 0 \\ 0 & \lambda_2 & 0 & \ddots & \vdots & 0 \\ 0 & 0 & \ddots & \ddots & \ddots & \vdots \\ \vdots & \ddots & \ddots & \ddots & 0 & 0 \\ 0 & \vdots & \ddots & 0 & \lambda_{n-1} & 0 \\ 0 & 0 & \cdots & 0 & 0 & \lambda_n \end{bmatrix}$$

とする。行列 $S = [\boldsymbol{x}_1, \boldsymbol{x}_2, \cdots, \boldsymbol{x}_n]$ と表し，それを両辺の左から掛けると

$$AS = S \begin{bmatrix} \lambda_1 & 0 & 0 & \cdots & 0 & 0 \\ 0 & \lambda_2 & 0 & \ddots & \vdots & 0 \\ 0 & 0 & \ddots & \ddots & \ddots & \vdots \\ \vdots & \ddots & \ddots & \ddots & 0 & 0 \\ 0 & \vdots & \ddots & 0 & \lambda_{n-1} & 0 \\ 0 & 0 & \cdots & 0 & 0 & \lambda_n \end{bmatrix}$$

となる。つまり

$$[A\boldsymbol{x}_1, \cdots, A\boldsymbol{x}_n] = [\lambda_1 \boldsymbol{x}_1, \cdots, \lambda_n \boldsymbol{x}_n]$$

したがって，$\lambda_1, \cdots, \lambda_n$ は固有値で，$\boldsymbol{x}_i$ は λ_i に属する固有ベクトルである。また，S は正則であるから，$\boldsymbol{x}_1, \cdots, \boldsymbol{x}_n$ は 1 次独立である。

対角化とべき乗 $A : n \times n$，A の固有ベクトルが S の列，A の固有値が λ_i, $i = 1, \cdots, n$ のとき

$$A^n = S \begin{bmatrix} \lambda_1^n & 0 & 0 & \cdots & 0 & 0 \\ 0 & \lambda_2^n & 0 & \ddots & \vdots & 0 \\ 0 & 0 & \ddots & \ddots & \ddots & \vdots \\ \vdots & \ddots & \ddots & \ddots & 0 & 0 \\ 0 & \vdots & \ddots & 0 & \lambda_{n-1}^n & 0 \\ 0 & 0 & \cdots & 0 & 0 & \lambda_n^n \end{bmatrix}$$

である。

証明

$$\Lambda = \begin{bmatrix} \lambda_1 & 0 & 0 & \cdots & 0 & 0 \\ 0 & \lambda_2 & 0 & \ddots & \vdots & 0 \\ 0 & 0 & \ddots & \ddots & \ddots & \vdots \\ \vdots & \ddots & \ddots & \ddots & 0 & 0 \\ 0 & \vdots & \ddots & 0 & \lambda_{n-1} & 0 \\ 0 & 0 & \cdots & 0 & 0 & \lambda_n \end{bmatrix}$$

と置くと

$$S^{-1}AS = \begin{bmatrix} \lambda_1 & 0 & 0 & \cdots & 0 & 0 \\ 0 & \lambda_2 & 0 & \ddots & \vdots & 0 \\ 0 & 0 & \ddots & \ddots & \ddots & \vdots \\ \vdots & \ddots & \ddots & \ddots & 0 & 0 \\ 0 & \vdots & \ddots & 0 & \lambda_{n-1} & 0 \\ 0 & 0 & \cdots & 0 & 0 & \lambda_n \end{bmatrix} = \Lambda$$

となる。両辺左から S を乗じると

$$SS^{-1}AS = AS = S\Lambda$$

である。両辺右から S^{-1} を乗じると

$$ASS^{-1} = A = S\Lambda S^{-1}$$

となる。ここで，$A^k = S\Lambda^k S^{-1}$ を仮定すると

$$\begin{aligned} A^{k+1} &= A^k A \\ &= S\Lambda^k S^{-1} A = S\Lambda^k S^{-1} S\Lambda S^{-1} = S\Lambda^k I \Lambda S^{-1} \\ &= S\Lambda^{k+1} S^{-1} \end{aligned}$$

だから

$$A^n = S\Lambda^n S^{-1}$$

また，これより

A.2 行列の対角化

$$\Lambda^n = S^{-1} A^n S$$

である。

例 A.3 行列 $A = \begin{bmatrix} 4 & -5 \\ 2 & 3 \end{bmatrix}$ を対角化する。例 A.1 で，固有ベクトルの例を求めており，$\boldsymbol{x}_1 = \begin{bmatrix} 1 \\ 1 \end{bmatrix}, \boldsymbol{x}_2 = \begin{bmatrix} 5 \\ 2 \end{bmatrix}$ とする。

$$S = (\boldsymbol{x}_1, \boldsymbol{x}_2) = \begin{bmatrix} 1 & 5 \\ 1 & 2 \end{bmatrix}$$

と置くと

$$S^{-1} = -\frac{1}{3} \begin{bmatrix} 2 & -5 \\ -1 & 1 \end{bmatrix}$$

である。よって

$$S^{-1} A S = \begin{bmatrix} -1 & 0 \\ 0 & 2 \end{bmatrix}$$

となる。

例 A.4 行列 $\begin{bmatrix} -2 & 1 & 1 \\ -2 & 3 & 2 \\ 1 & 1 & -2 \end{bmatrix}$ を対角化せよ。

［解］ A の固有値について

$$|\lambda I - A| = \begin{vmatrix} \lambda+2 & -1 & -1 \\ 2 & \lambda-3 & -2 \\ -1 & -1 & \lambda+2 \end{vmatrix} = (\lambda+2)^2(\lambda-3)(\lambda-3)$$
$$= (\lambda+3)(\lambda+1)(\lambda-3)$$

よって，固有値は $3, -1, -3$ である。

○固有値 3 に対応する固有ベクトル $\boldsymbol{s}_1$ を求める。

$$A\boldsymbol{x} = 3\boldsymbol{x} \iff (3I - A)\boldsymbol{x} = \boldsymbol{0} \iff \begin{bmatrix} 5 & -1 & -1 \\ 2 & 0 & -2 \\ -1 & -1 & 5 \end{bmatrix} \begin{bmatrix} x_1 \\ x_2 \\ x_3 \end{bmatrix} = \begin{bmatrix} 0 \\ 0 \\ 0 \end{bmatrix}$$

$$\iff x_2 = 4x_1 \text{ かつ } x_1 = x_3$$

つまり，$s_1 = \begin{bmatrix} 1 \\ 4 \\ 1 \end{bmatrix}$ とできる．

○固有値 -1 に対応する固有ベクトル s_2 を求める．

$$A\boldsymbol{x} = 1\boldsymbol{x} \iff (-I - A)\boldsymbol{x} = \boldsymbol{0} \iff \begin{bmatrix} -1 & -1 & -1 \\ 2 & -6 & -2 \\ -1 & -1 & -1 \end{bmatrix} \begin{bmatrix} x_1 \\ x_2 \\ x_3 \end{bmatrix} = \begin{bmatrix} 0 \\ 0 \\ 0 \end{bmatrix}$$

$$\iff x_1 = x_3 \text{ かつ } x_2 = 0$$

つまり，$s_2 = \begin{bmatrix} 1 \\ 0 \\ 1 \end{bmatrix}$ とできる．

○固有値 -3 に対応する固有ベクトル s_3 を求める．

$$A\boldsymbol{x} = -2\boldsymbol{x} \iff ((-2)E - A)\boldsymbol{x} = \boldsymbol{0} \iff \begin{bmatrix} -3 & -1 & -1 \\ 3 & -3 & -3 \\ -3 & -1 & -1 \end{bmatrix} \begin{bmatrix} x_1 \\ x_2 \\ x_3 \end{bmatrix} = \begin{bmatrix} 0 \\ 0 \\ 0 \end{bmatrix}$$

$$\iff x_1 = x_2 \text{ かつ } x_3 = -2x_1$$

つまり，$s_3 = \begin{bmatrix} -1 \\ -1 \\ 2 \end{bmatrix}$ とできる．

よって，$S = (s_1, s_2, s_3) = \begin{bmatrix} 1 & 1 & -1 \\ 4 & 0 & -1 \\ 1 & 1 & 2 \end{bmatrix}$ と置くと，定理 A.1 より

$$S^{-1}AS = \begin{bmatrix} 3 & 0 & 0 \\ 0 & -1 & 0 \\ 0 & 0 & -3 \end{bmatrix}$$

と対角化することができる．

S と $S^{-1}AS$ についても Octave を使って求めることができる．固有値と固有ベクトルを求めたときと同じ "eig" を使うとよい．

A.2 行列の対角化

```
octave.exe:1> A=[-2 1 1;-2 3 2;1 1 -2]
A =
  -2   1   1
  -2   3   2
   1   1  -2
octave.exe:2> [E L]=eig(A)
E =
   2.3570e-001   7.0711e-001  -4.0825e-001
   9.4281e-001   2.0935e-016  -4.0825e-001
   2.3570e-001   7.0711e-001   8.1650e-001
L =
   3.00000         0         0
         0  -1.00000         0
         0         0  -3.00000
```

```
octave.exe:4> l1=sqrt(1^2+4^2+1^2);l2=sqrt(1^2+0^2+1^2);
octave.exe:5> l3=sqrt(1^2+1^2+2^2);
octave.exe:6> [1 4 1]/l1
ans =
   0.23570   0.94281   0.23570
octave.exe:7> [1 0 1]/l2
ans =
   0.70711   0.00000   0.70711
octave.exe:8> [-1 -1 2]/l3
ans =
  -0.40825  -0.40825   0.81650
```

実行例の後半は例 A.4 との整合性を見るために，各固有ベクトルを大きさ 1 に正規化した値を計算している．

引用・参考文献

本書は常微分方程式，線形代数，確率・統計，構造化プログラミングに関する知識を前提にした記述を含んでいる．いずれも各分野の基礎的な知識なので，まずは手近な教科書を参照してほしい．関係分野について，より詳しい情報が必要な場合に参考になる文献を以下に挙げておく．

1) 松田七美男：Octave の精義，カットシステム (2010)
2) 浪花智英：Octave/Matlab で見るシステム制御，科学技術出版 (2000)
3) J.W. Eaton, D. Bateman, S. Hauberg, and R. Wehbring：GNU Octave, https://www.gnu.org/software/octave/octave.pdf (2011)
4) 小郷 寛，美多 勉：システム制御理論入門，実教出版 (1980)
5) C.A. Smith and S.W. Campbell：A First Course in Differential Equations, Modeling and Simulation, CRC Press (2012)
6) 谷川明夫，平嶋洋一：大学生のための線形代数入門，共立出版 (2012)
7) G. Strang：Linear Algebra and Its Applications, Brooks/Cole (2004)
8) E. Hairer, S.P. Norsett, and G. Wanner：Solving Ordinary Differential Equations I Nonstiff Problems, Springer (2008)
9) D.E. Knuth：The Art of Computer Programming Volume 3 Sorting and Searching, Addison-Wesley Professional (1998)
10) Wiebe R. Pestman：Mathematical Statistics, Walter De Gruyter Inc. (2009)
11) 伊理正夫，藤野和建：数値計算の常識，共立出版 (1985)
12) 樋口良之：離散系システムのモデリングとシミュレーション解析，三恵社 (2007)
13) 高橋勝彦，関 庸一，平川保博，森川克己，伊呂原隆：シミュレーション工学，朝倉書店 (2007)
14) 四辻哲章：計算機シミュレーションのための確率分布乱数生成法，プレアデス出版 (2010)
15) D.E. Knuth (著)，渋谷政昭 (翻訳)：準数値算法・乱数 The Art of Computer Programming 3，サイエンス社 (1981)

章末問題解答

3章

【1】 記載のプログラムでは，実行結果の時刻データが題意を満たしていないので，つぎの対応を行い，修正プログラムを実行する。

- linspace の仕様を参照し，linspace(0,50,2), linspace(0,50,3) などの区間数と境界値を実際に確認する。
- 時間区間の境界値が題意を満たすように区間数を設定する。

その結果

$t = 0.0$ のとき 0.0, $t = 5.0$ のとき 0.0, $t = 10.0$ のとき -0.59,
$t = 15.0$ のとき -0.19, $t = 20.0$ のとき 0.16, $t = 25.0$ のとき 0.12,
$t = 30.0$ のとき -0.021, $t = 35.0$ のとき -0.050, $t = 40.0$ のとき -0.0080,
$t = 5.0$ のとき 0.0, $t = 10.0$ のとき -0.62, $t = 15.0$ のとき 0.40,
$t = 20.0$ のとき 0.02, $t = 25.0$ のとき -0.13, $t = 30.0$ のとき 0.093,
$t = 35.0$ のとき -0.013

となる。

【2】 問1　例えば $K = 0.01$, $D = 0.01$ とする。

システムの極を確認すると比較的容易に値を求めることができる。

問2　$\begin{bmatrix} \dot{x}_1(t) \\ \dot{x}_2(t) \end{bmatrix} = \begin{bmatrix} 0 & 1 \\ -0.01 & -0.01 \end{bmatrix} \begin{bmatrix} x_1(t) \\ x_2(t) \end{bmatrix} + \begin{bmatrix} 0 \\ 1.0 \end{bmatrix} u(t)$

問3　$t = 0.0$ のとき 0.0, $t = 10.0$ のとき 8.652, $t = 20.0$ のとき 7.40,
$t = 30.0$ のとき 2.25, $t = 40.0$ のとき -6.99, $t = 50.0$ のとき -7.31

【3】 問1　$\begin{bmatrix} \dot{x}_1(t) \\ \dot{x}_2(t) \end{bmatrix} = \begin{bmatrix} 0 & 1 \\ -2.0 & -1.0 \end{bmatrix} \begin{bmatrix} x_1(t) \\ x_2(t) \end{bmatrix} + \begin{bmatrix} 0 \\ 1 \end{bmatrix} u(t)$

問2　$y(t) = \begin{bmatrix} 0 & 1 \end{bmatrix} \begin{bmatrix} x_1(t) \\ x_2(t) \end{bmatrix}$

問3　$f(0.1)$ をオイラー法で近似すると

$$f(0.1) \fallingdotseq 2.2$$

$e^{0.2} = 1.22$ として $f(0.1)$ の真値を求めると，2.22
つまり

$$|d| = 0.02$$

である。

【4】問1 $\begin{bmatrix} \dot{x}_1(t) \\ \dot{x}_2(t) \end{bmatrix} = \begin{bmatrix} 0 & 1 \\ -3.5 & 0.2 \end{bmatrix} \begin{bmatrix} x_1(t) \\ x_2(t) \end{bmatrix} + \begin{bmatrix} 0 \\ 1 \end{bmatrix} u(t)$

$y(t) = \begin{bmatrix} 1 & 2 \end{bmatrix} \begin{bmatrix} x_1(t) \\ x_2(t) \end{bmatrix}$

問2 $e^{0.4} = 1.49$ とすると，$f(0.3) \fallingdotseq 2.742$
また，$e^{0.6} = 1.822$ とすると，$f(0.3)$ の真値は 2.822
つまり，$|d_1|$ は $|d_1| = 0.080$
である。

問3 $x(1.0) = 0.375$
$|d_2| = 0.060$

【5】問1 $f(0.5) \fallingdotseq 3.558$
また，$e^{0.4} = 1.49$，$e^{0.6} = 1.822$ とすると $f(0.5)$ の真値は 3.7148
つまり
$|d_1| = 0.157$

問2 $x(1.0) = 0.305$
$|d_2| = 0.010$

問3 $\overset{\text{精度高}}{\longleftarrow}$ ①, ③, ② $\overset{\text{精度低}}{\longrightarrow}$

問4 (1) 06 行
(2) $\dfrac{df}{dx} = -3x + 2$
(3) オイラー法
(4) 01 行目の刻み幅 d_t の値を小さくする。

【6】問1 $x(1.0) \fallingdotseq 0.305$
$|d_3| = 0.010$

問 2 $\xleftarrow{\text{精度高}}$ ①, ③, ② $\xrightarrow{\text{精度低}}$

問 3 (1) 2 次のルンゲ・クッタ法

(2) $\dot{x}(t) = -x(t) + 1$

(3) 0

(4) 01 行目

(5) 05 行目の 10 を 120 以上に変更すればよい。

4 章

【1】 (1) 到着率 $\lambda = 5$(到着間隔: $\frac{1}{\lambda} = 0.2$ 時間)

サービス率 $\mu = 20$(人/1 時間), (サービス時間: $\frac{1}{\mu} = 0.05$ 時間)

(2) 利用率の定義 $\rho = \frac{\lambda}{s\mu}\Big|_{s=1} = \frac{\lambda}{\mu}$。いま, $\lambda = 5, \mu = 20$ より $\rho = \frac{1}{4}$

(3) 到着してからサービスを受けるまでの平均待ち時間 W_q の計算式は $\frac{1}{\lambda}\frac{\rho^2}{1-\rho}$

よって

$W_q = \frac{1}{60}$

【2】 レジ 1 台, 行列長無制限, 顧客の平均到着間隔が 6 分, 1 人当りのレジでの所要時間は 1 人当り平均 5 分であるとき, 待ち行列モデルを利用して, 以下に答えよ。

(1) ケンドール記号を用いてシステムを表すと

$M/M/1/\infty$

(2) 到着率 $\lambda = 10$, サービス率 $\mu = 12$

(3) 利用率の定義: $\frac{\lambda}{\mu}$

よって, $\rho = \frac{5}{6}$

(4) 到着したときすぐにサービスが受けられる確率の計算式: $1 - \rho$

よって, $\frac{1}{6}$

(5) サービスを待っている人の平均人数の計算式: $\frac{\rho^2}{1-\rho}$

よって, $\frac{25}{6}$

(6) 到着してからサービスを受けて去るまでの平均時間の計算式: $\frac{1}{\mu - \lambda}$

よって, $\frac{1}{2}$

(7) 平均滞在人数の計算式：$\dfrac{\rho}{1-\rho}$
よって，5

【3】(1) $A = 0.2$, $B = 0.3$, $C = 0.4$
$D = 0.7$, $E = 0.9$
(2) $F = 0.1$, $G = 0.3$, $H = 0.6$
$I = 0.7$, $J = 0.8$
(3) 期待値は 3.50 である。
(4) 分散は 2.65 である。

【4】(1) 1 人目の顧客が到着してから 5 人目の顧客が退出するまでに経過した時間：2.65(時間)
(2) 3 人目の顧客の滞在時間：0.77(時間)
(3) 滞在数 1 であった時間の合計：2.05(時間)
(4) 平均滞在顧客数 $\bar{L}$：$\bar{L} = 1.2264$(人)
(5) 平均滞在時間 $\bar{W}$：$\bar{W} = 0.65$(時間)

索　引

【あ】
後入れ先出し　127
アーランサービス　126
アーラン到着　125
アーラン分布　125

【い】
一様分布　125
1階線形非同次微分方程式　44
一定サービス　126
一般解　43

【か】
解析解　50
確率分布　124
確率密度関数　137
確率モデル　124
関数ファイル　27

【き】
共役複素数　15
行　列　13
行列の連結　15
極　69
近似モデル　5

【く】
鞍替え　126

【け】
計算機シミュレーション　4
ケンドール記号　127
ケンドール記法　127

【こ】
顧　客　123
固有値　170
固有ベクトル　170

【さ】
最大受入数　127
先入れ先出し　127
サービス窓口　123
サービスモデル　127
サービス率　125

【し】
指数サービス　125
システム　39
　──の状態　40
システム方程式　41
システム容量　127
実環境シミュレーション　4
実験モデル　3
実物モデル　3
シミュレーション　4
　──の範囲　122
集団到着　125
出力方程式　41
詳細モデル　5
状態方程式　41
常微分方程式　40

【す】
数学モデリング　40
数学モデル　39
スケールモデル　3

【せ】
静的システム　40

【そ】
成分指定　16
セル配列　18
線形システム　41
線形時不変システム　41
線形時変システム　41

【そ】
相対頻度　147

【た】
大域変数　26
対角化　175
待機用行列　123
退　出　124

【て】
定数変化法　44
伝達関数　69

【と】
等間隔到着　125
同次方程式　44
到　着　123
到着モデル　127
到着率　124
動的システム　40
特異解　43
特殊解　43
特性方程式　172
独　立　155
途中離脱　126

【は】
範　囲　17

【ひ】
比較演算子　12

ひずんだサイコロ	151	母分散	156	【よ】			
非同次方程式	44	母平均	156	予定到着	125		
標本点	155	【ま】		【ら】			
標本平均	156	待ち行列	123	ラプラス変換	58		
——の分散	156	——の基本形	128	乱　数	147		
【ふ】		——の形態	126	ランダム到着	125		
不確実性	121	——の構成要素	123	【り】			
物理シミュレーション	4	待ち行列システム	123	離散システムモデル	3		
物理モデリング	39	待ち行列理論	123	離散変化モデル	4		
分布関数	147, 149	待ち時間制限	126	リトルの公式	128		
【へ】		待ち数制限	126	量子化	146		
平均サービス時間	125	【む】		量子化間隔	146		
平均到着間隔	124	無作為選択	127	量子区間	146		
平均到着率	124	【も】		【る】			
平衡状態	136	モデリング	2	類推モデル	3		
ベルヌイ到着	125	モデル	2	ルーレット選択	147		
変数分離形	42	モンテカルロ法	150	【れ】			
【ほ】		【ゆ】		連続システムモデル	3		
ポアソン到着	124	優先選択	127	連続変化近似モデル	4		
ポアソン分布	124						
妨　害	126						

【A】		【I】		【S】	
axis	31	if	33	subplot	30
【B】		【L】		【Z】	
bar	31	linspace	22	zeros	21
【D】		【O】		【記号】	
dir	24	Octave	7	'	14
【E】		Octave プロンプト	8	.	11
eig	174	ones	21	./	14
【F】		【P】		;	18
for	36	plot	27	&	32
				&&	32

―― 著者略歴 ――

- 1991 年　岡山大学工学部情報工学科卒業
- 1993 年　京都大学大学院工学研究科修士課程修了（応用システム科学専攻）
- 1996 年　京都大学大学院工学研究科博士課程修了（応用システム科学専攻）
　　　　　博士（工学）
- 1997 年　岡山大学助手
- 2006 年　岡山大学講師
- 2007 年　大阪工業大学准教授
　　　　　現在に至る

モデリングとシミュレーション
── Octave による算法 ──
Modeling and Simulation
── Arithmetic Using Octave ──　　　　　Ⓒ Yoichi Hirashima 2016

2016 年 1 月 12 日　初版第 1 刷発行　　　　　　　★

検印省略	著　者　平　嶋　洋　一 発行者　株式会社　コロナ社 　　　　代表者　牛来真也 印刷所　三美印刷株式会社

112-0011　東京都文京区千石 4-46-10
発行所　株式会社　コロナ社
CORONA PUBLISHING CO., LTD.
Tokyo Japan
振替 00140-8-14844・電話(03)3941-3131(代)
ホームページ http://www.coronasha.co.jp

ISBN 978-4-339-02499-9　　（横尾）　　（製本：愛千製本所）
Printed in Japan

本書のコピー，スキャン，デジタル化等の無断複製・転載は著作権法上での例外を除き禁じられております。購入者以外の第三者による本書の電子データ化及び電子書籍化は，いかなる場合も認めておりません。

落丁・乱丁本はお取替えいたします

電子情報通信レクチャーシリーズ

■電子情報通信学会編　　（各巻B5判）

共通

記号	配本順	タイトル	著者	頁	本体
A-1	(第30回)	電子情報通信と産業	西村 吉雄 著	272	4700円
A-2	(第14回)	電子情報通信技術史 ―おもに日本を中心としたマイルストーン―	「技術と歴史」研究会編	276	4700円
A-3	(第26回)	情報社会・セキュリティ・倫理	辻井 重男 著	172	3000円
A-4		メディアと人間	原島 博／北川 高嗣 共著		
A-5	(第6回)	情報リテラシーとプレゼンテーション	青木 由直 著	216	3400円
A-6	(第29回)	コンピュータの基礎	村岡 洋一 著	160	2800円
A-7	(第19回)	情報通信ネットワーク	水澤 純一 著	192	3000円
A-8		マイクロエレクトロニクス	亀山 充隆 著		
A-9		電子物性とデバイス	益川 一哉／天野 修平 共著		

基礎

記号	配本順	タイトル	著者	頁	本体
B-1		電気電子基礎数学	大石 進一 著		
B-2		基礎電気回路	篠田 庄司 著		
B-3		信号とシステム	荒川 薫 著		
B-5	(第33回)	論理回路	安浦 寛人 著	140	2400円
B-6	(第9回)	オートマトン・言語と計算理論	岩間 一雄 著	186	3000円
B-7		コンピュータプログラミング	富樫 敦 著		
B-8		データ構造とアルゴリズム	岩沼 宏治 他著		
B-9		ネットワーク工学	仙田 正和／石村 裕／中野 敬介 共著		
B-10	(第1回)	電磁気学	後藤 尚久 著	186	2900円
B-11	(第20回)	基礎電子物性工学 ―量子力学の基本と応用―	阿部 正紀 著	154	2700円
B-12	(第4回)	波動解析基礎	小柴 正則 著	162	2600円
B-13	(第2回)	電磁気計測	岩﨑 俊 著	182	2900円

基盤

記号	配本順	タイトル	著者	頁	本体
C-1	(第13回)	情報・符号・暗号の理論	今井 秀樹 著	220	3500円
C-2		ディジタル信号処理	西原 明法 著		
C-3	(第25回)	電子回路	関根 慶太郎 著	190	3300円
C-4	(第21回)	数理計画法	山下 信雄／福島 雅夫 共著	192	3000円
C-5		通信システム工学	三木 哲也 著		
C-6	(第17回)	インターネット工学	後藤 滋樹／外山 勝保 共著	162	2800円
C-7	(第3回)	画像・メディア工学	吹抜 敬彦 著	182	2900円
C-8	(第32回)	音声・言語処理	広瀬 啓吉 著	140	2400円
C-9	(第11回)	コンピュータアーキテクチャ	坂井 修一 著	158	2700円

配本順			頁	本体
C-10		オペレーティングシステム		
C-11		ソフトウェア基礎	外山 芳人 著	
C-12		データベース		
C-13	(第31回)	集積回路設計	浅田 邦博 著	208	3600円
C-14	(第27回)	電子デバイス	和保 孝夫 著	198	3200円
C-15	(第8回)	光・電磁波工学	鹿子嶋 憲一 著	200	3300円
C-16	(第28回)	電子物性工学	奥村 次徳 著	160	2800円

展開

D-1		量子情報工学	山崎 浩一 著	
D-2		複雑性科学		
D-3	(第22回)	非線形理論	香田 徹 著	208	3600円
D-4		ソフトコンピューティング		
D-5	(第23回)	モバイルコミュニケーション	中川 正雄／大槻 知明 共著	176	3000円
D-6		モバイルコンピューティング		
D-7		データ圧縮	谷本 正幸 著	
D-8	(第12回)	現代暗号の基礎数理	黒澤 馨／尾形 わかは 共著	198	3100円
D-10		ヒューマンインタフェース		
D-11	(第18回)	結像光学の基礎	本田 捷夫 著	174	3000円
D-12		コンピュータグラフィックス		
D-13		自然言語処理	松本 裕治 著	
D-14	(第5回)	並列分散処理	谷口 秀夫 著	148	2300円
D-15		電波システム工学	唐沢 好男／藤井 威生 共著	
D-16		電磁環境工学	徳田 正満 著	
D-17	(第16回)	VLSI工学 ―基礎・設計編―	岩田 穆 著	182	3100円
D-18	(第10回)	超高速エレクトロニクス	中村 徹／三島 友義 共著	158	2600円
D-19		量子効果エレクトロニクス	荒川 泰彦 著	
D-20		先端光エレクトロニクス		
D-21		先端マイクロエレクトロニクス		
D-22		ゲノム情報処理	高木 利久／小池 麻子 編著	
D-23	(第24回)	バイオ情報学 ―パーソナルゲノム解析から生体シミュレーションまで―	小長谷 明彦 著	172	3000円
D-24	(第7回)	脳工学	武田 常広 著	240	3800円
D-25		福祉工学の基礎	伊福部 達 著	近刊
D-26		医用工学		
D-27	(第15回)	VLSI工学 ―製造プロセス編―	角南 英夫 著	204	3300円

定価は本体価格+税です。
定価は変更されることがありますのでご了承下さい。

図書目録進呈◆

シミュレーション辞典

日本シミュレーション学会 編
A5判／452頁／本体9,000円／上製・箱入り

- ◆編集委員長　大石進一（早稲田大学）
- ◆分野主査　山崎　憲（日本大学），寒川　光（芝浦工業大学），萩原一郎（東京工業大学），矢部邦明（東京電力株式会社），小野　治（明治大学），古田一雄（東京大学），小山田耕二（京都大学），佐藤拓朗（早稲田大学）
- ◆分野幹事　奥田洋司（東京大学），宮本良之（産業技術総合研究所），小俣　透（東京工業大学），勝野　徹（富士電機株式会社），岡田英史（慶應義塾大学），和泉　潔（東京大学），岡本孝司（東京大学）

（編集委員会発足当時）

シミュレーションの内容を共通基礎，電気・電子，機械，環境・エネルギー，生命・医療・福祉，人間・社会，可視化，通信ネットワークの8つに区分し，シミュレーションの学理と技術に関する広範囲の内容について，1ページを1項目として約380項目をまとめた。

- Ⅰ　共通基礎（数学基礎／数値解析／物理基礎／計測・制御／計算機システム）
- Ⅱ　電気・電子（音　響／材　料／ナノテクノロジー／電磁界解析／VLSI設計）
- Ⅲ　機　械（材料力学・機械材料・材料加工／流体力学／熱工学／機械力学・計測制御・生産システム／機素潤滑・ロボティクス・メカトロニクス／計算力学・設計工学・感性工学・最適化／宇宙工学・交通物流）
- Ⅳ　環境・エネルギー（地域・地球環境／防　災／エネルギー／都市計画）
- Ⅴ　生命・医療・福祉（生命システム／生命情報／生体材料／医　療／福祉機械）
- Ⅵ　人間・社会（認知・行動／社会システム／経済・金融／経営・生産／リスク・信頼性／学習・教育／共　通）
- Ⅶ　可視化（情報可視化／ビジュアルデータマイニング／ボリューム可視化／バーチャルリアリティ／シミュレーションベース可視化／シミュレーション検証のための可視化）
- Ⅷ　通信ネットワーク（ネットワーク／無線ネットワーク／通信方式）

本書の特徴

1. シミュレータのブラックボックス化に対処できるように，何をどのような原理でシミュレートしているかがわかることを目指している。そのために，数学と物理の基礎にまで立ち返って解説している。
2. 各中項目は，その項目の基礎的事項をまとめており，1ページという簡潔さでその項目の標準的な内容を提供している。
3. 各分野の導入解説として「分野・部門の手引き」を供し，ハンドブックとしての使用にも耐えうること，すなわち，その導入解説に記される項目をピックアップして読むことで，その分野の体系的な知識が身につくように配慮している。
4. 広範なシミュレーション分野を総合的に俯瞰することに注力している。広範な分野を総合的に俯瞰することによって，予想もしなかった分野へ読者を招待することも意図している。

定価は本体価格+税です。
定価は変更されることがありますのでご了承下さい。

図書目録進呈◆